U0076622

超解析22個支撐宇宙運行的物理常數

為什麼 宇宙 的 一切都剛剛好？

松原隆彥／著 陳朕疆／譯

前言

　　我們每天理所當然地在這個世界上生活著。世界的存在似乎是一件很自然的事，一般人大概不會對世界的存在抱有疑問吧。但事實並非如此。從物理的角度來看，我們生存的世界能夠存在，可以說是奇蹟下的產物。要是支配這個世界的物理定律有一點點偏差，我們就無法生存於這個世界。為什麼這麼說呢？本書將具體詳細地說明這點。

　　「宇宙微調問題」是物理學中很常討論的問題。物理定律支配了整個宇宙，但定律中卻有著無法用理論推導出來的「常數」，只能透過實驗結果計算出來，譬如決定基本粒子的質量、基本力的大小的常數，以及決定宇宙性質的宇宙論常數等。這些決定了宇宙基本定律的常數，總共有數十個。

　　這些常數中，大部分常數的數值只要稍微有些變動，就會讓整個世界變得完全不同，使生命難以存活，我們也不會在這個世界中誕生。就像是有某個人故意把這些常數微調到現在這個數值，以達到絕妙的平衡，讓這個宇宙誕生一樣。「為什麼這些常數會被調整到那麼剛好的數值呢？」這就是宇宙微調問題。如果是對宇宙有興趣的人，應該多少聽過這個問題吧。不過，「這些常數稍微有些變

動時，會造成什麼後果？」這個問題，應該就沒有那麼多人想過了。

　　本書將會用各種插圖，以直覺方式具體介紹已知的各種物理常數，並說明當這些常數稍有改變時，世界會有什麼變化。乍看之下，這些物理定律與物理常數似乎難以理解，不過，只要知道它們的性質，你一定也會覺得它們相當親切。說不定，還會有想要自己調整這些常數，看看世界會變成什麼樣子的想法。在思考「為什麼宇宙會存在？」的過程中，你也能讓自己的思緒盡情徜徉在宇宙的神祕中。

　　本書為《月刊天文介紹》2018年9月號至2020年4月號的「創造宇宙的定律」連載內容，經過整理之後出版的單行本。

CONTENTS

Chapter 01

宇宙
微調問題

我們所在的宇宙空間

宇宙是個神奇的空間。人們會被宇宙吸引，或許就是因為宇宙的神祕感吧。

和我們日常生活的環境相比，宇宙就像另一個世界一樣。不過，當我們仰望夜空時，就能直接看到宇宙的樣子。而且，宇宙遠比我們看到的部分還要寬廣。想到宇宙有多麼寬廣時，就會不知不覺地沉浸其中，停止思考。你是不是也有過這樣的經驗呢？

然而，毫無疑問的是，太空和我們居住的地表世界是連接在一起的。我們周圍的地表空間，和太空之間並沒有明確的界線。即使我們一直往上飛，也不會在空中看到縣境般的標誌，標示出此處以外是「太空」，此處以內是「地表」。

也就是說，世界是一個整體，存在於「宇宙」這個巨大的容器中。不管是我們每天生活的空間、廣闊夜空中的繁星，或是在更遠處，銀河系之外的廣大空間，都是一個整體，這就是宇宙。

支配宇宙的物理定律

宇宙中的各種事物，都會遵循物理學定律，無一例外。不管是地表上發生的現象，還是宇宙中發生的現象，都可以用相同的物理定律解釋。第一個闡明這個概念的是近代物理學創始者，發現萬有引力定律的艾薩克・牛頓。

牛頓

　　萬有引力定律提到，兩個物體之間必定存在某種吸引力。然而，日常生活中的我們並不會感受到這點。這是因為，這個吸引力對我們來說過於弱小。

　　物體越重，萬有引力定律所提到的吸引力就越強。舉例來說，鉛球比賽中使用的鐵球約為5公斤。假設你一手拿一顆鐵球，並使兩者距離20公分。

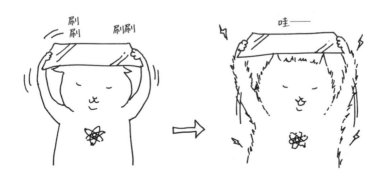

靜電力可以讓因重力而垂下的頭髮反向豎起。

靜電力與重力的強弱差異甚大。譬如質子和質子之間的靜電力,和重力相差36位數;質子和電子之間的靜電力,則和重力差了39位數。

　　那麼,這兩顆鐵球之間的萬有引力大小,差不多會是4微克重,相當於一粒鹽重量的25分之1。人類無法察覺如此微小的重量。每個人都知道,我們之所以能夠站在地面上,是因為有重力。重力明明那麼弱,卻能讓我們站立在地面上,是因為這個重力作用在我們與巨大的地球之間。

　　另一方面,靜電力或磁力的強度遠比重力來得大。想必你應該也有過冬天脫下毛衣時,頭髮因為靜電而亂翹的經驗吧。另外,如果讓兩顆小磁石靠近彼此,它們也會因為磁力而互相吸引。

　　若善用磁力和靜電力,便能抵銷重力,輕鬆提起物體。換言之,作用在小物體之間的電磁力,會大於地球這個巨大的物體所產生的重力。

兩種力的強度差了多少呢？讓我們用兩個質子為例，比較兩者間的靜電力與重力強度。事實上，靜電力的強度和重力相差36位數，也就是1兆倍的1兆倍的1兆倍[※1]。

為什麼宇宙的物理定律對人類來說那麼剛好？

為什麼靜電力和重力的強度相差那麼多呢？這個結果並沒有什麼根本上的原因。就算兩種力的強度沒有相差那麼多，在物理定律上應該也不會產生什麼矛盾。不過，重力強度遠小於靜電力，卻是生命存在的必要條件。

有很多種方式可以說明這點。以我們身邊的例子而言，要是重力變強的話，人類就沒辦法好好站立、走路。人類需靠靜電力來對抗重力。

物體之所以能夠保持特定形狀，是因為原子間存在靜電力。要是靜電力變弱，或者重力變強，使靜電力與重力的比值少於36位數，那麼人類就需要更大、更粗的腳，才能對抗重力、支撐住身體。要是這個比值比現在的36位數還少了好幾位，那麼包括人類在內的各種動物連爬都爬不動。也就是說，靜電力需要強到一定程度，人類的腳才有辦法對抗重力，支撐起身體。

這只是其中一個例子。事實上，要是靜電力與重力的強度比值出現變化，就會對星體的演化或宇宙整體的演化產生重大影響，使整個世界的樣貌變得完全不同。在那樣的宇宙中，生命誕生的機率可以說是微乎其微。

靜電力與重力的比值，由牛頓的「萬有引力常數」，

以及代表電子擁有之電荷量的「基本電荷」等常數決定。
這些常數是透過實驗、觀測得到的數值，無法用理論說明
為什麼它們會是如此。

　　這種透過測量決定的自然界常數還有很多，統稱為物
理常數。包括萬有引力定律在內，物理定律中一定會包含
這些物理常數。

　　然而，理論並沒有辦法告訴我們物理常數應該是多
少，譬如說，即使基本電荷變成現在的幾倍或幾分之一，
還是可以形成另一種世界。所以這些常數只能透過實驗觀
測來決定。

　　這些無法由理論決定的數值，都叫做「物理常數」
（parameter）。理論上，物理常數可以是任何數值，但
不知為何、毫無理由地，這個宇宙選擇了現在的數值。

　　除了物理常數之外，還有其他特殊常數規範了宇宙的
樣貌，譬如宇宙整體的物質量等。為什麼這些數值會是我

們觀察到的大小呢？目前我們並不曉得其中的理由。規範宇宙的常數又叫做宇宙論常數。目前仍無理論能說明這些數值的大小，只能用觀測來決定。

就像被微調過一樣的常數

自然界中有許多這樣的常數。其中，有些常數的數值大小只要稍有變動，整個世界就會變得完全不同，生命可能也不會誕生在這個宇宙中。

自然界的常數，不知為何被調整到可以讓生命在宇宙中誕生的大小。這很容易讓人聯想到，或許是神用某種能夠自由調整常數的機器，把宇宙中的常數微調成可以讓生命在宇宙中誕生吧。

宇宙誕生時，為什麼這些常數會被微調到那麼剛好呢？目前的物理學仍無法回答這個問題。這個問題被叫做「宇宙微調問題」。

若細究這個宇宙微調問題，就會對宇宙的存在產生疑問，也就是「為什麼會產生這樣的宇宙？」。

既然這些宇宙論常數不一定得是現在的數值，那就表示，即使存在常數數值與我們的宇宙不同的另一個宇宙，那個宇宙在物理定律的層面上也不會有任何問題。

也就是說，就理論而言，常數不同的宇宙，其存在並不會產生矛盾。那麼，為什麼現實中的宇宙是我們眼前的宇宙呢？

到了今天，科學仍無法給出適當的答案，所以宇宙

微調問題的相關討論，目前仍處於科學與非科學的交界點上，傳統科學不會認真討論這個問題。然而，微調問題毫無疑問地是必須解決的問題。

也有人抱持著佛教徒般的態度，認為可以無視微調問題，全然接受這些宇宙論常數的數值。但也無法否認，這種做法只是將目前科學無法解開的問題延後處理而已。從科學上來說，我們應該要以解決問題為目標，持續前進才對，這或許有助於我們進一步理解自然界的奧祕。

現代物理學研究中，宇宙的誕生是一個常被討論的主題。為什麼宇宙能夠存在呢？現在的我們和答案還有很長一段距離，不過科學家們仍在進行各式各樣的研究。

而這些研究都不能無視宇宙微調問題。因為宇宙誕生

時，宇宙中的各種物理常數也會同時被決定下來。宇宙微調問題和宇宙存在的根本理由直接相關。

多重宇宙論可以解決微調問題嗎？

思考宇宙微調問題時，自然而然會聯想到「同時存在多個宇宙」的可能性。這種想法被稱做多重宇宙論，或Multiverse。

多重宇宙論認為，宇宙有無數個，每個宇宙的物理常數各不相同。不過如果隨便選擇物理常數的數值，這樣的宇宙幾乎不可能有生命誕生。

然而，既然宇宙有無數個，在各種物理常數的排列組合下，即使機率極低，也一定會有某個宇宙誕生出生命。我們生存的宇宙就剛好是這樣的宇宙。

因為我們生存在這個宇宙，所以這個宇宙必須是生命能夠誕生的宇宙。換言之，面對「為什麼這個宇宙剛好適合生命誕生？」的疑問時，多重宇宙論的回答是「因為這樣我們才能夠誕生」。

這就和「為什麼我們生存在地球，而不是什麼都沒有的太空？」的疑問一樣。因為我們只能生存在地球上。

如果多重宇宙論正確，確實存在無數個各不相同的宇宙，那麼宇宙微調問題就能輕鬆解決了。但多重宇宙真的存在嗎？

把多重宇宙視為微調問題解方的想法實在有些草率。若要人們相信這種說法，必須提供可以直接證明多重宇宙

存在的證據。或許有一天，會有科學家成功開發出通往其他宇宙的時空隧道、蟲洞，以驗證多重宇宙的存在。

　　當然，多重宇宙也可能不存在，只有我們的宇宙是唯一的存在。微調問題是個難題，不過也有人認為，宇宙是在觀測之後才存在。這種想法來自微觀物理世界中的「量子力學」。

　　美國物理學者約翰·阿奇博爾德·惠勒認為，要是宇宙中沒有某種智慧生命體在觀察這個宇宙，那麼這個宇宙就不存在[2]。若是如此，就表示只有智慧生命體得以生存的宇宙，才能夠存在。但真是如此嗎？

　　有些扯遠了。具體來說，這個宇宙中究竟有哪些物理常數呢？這些物理常數又分別決定了哪些物理定律呢？我們將從下一章起具體說明這些事。

※1　自然界中已知的力有4種，這裡介紹的是與我們的日常生活關係最密切的重力與電磁力。其他的力將在接下來的篇章中說明。

※2　J. A. Wheeler, 'Information physics, quantum; The search for links', in Complexity, Entropy, and the Physics of Information, SFI Studies in the Sciences of Complexity, vol. VIII, W. H. Zurek (ed.), Addison-Wesley (1990)

Chapter | 02 |

真空中的
光速：c

快得不得了的光速

規範了這個世界的物理定律中,有許多物理常數,真空中的光速就是其中一個非常基本的常數。我們會用 c 這個符號來表示這個數,其值為

$$c = 299792458 \text{ m/s}$$

也就是每秒鐘前進30萬公里的速度。地球一圈約為4萬公里,所以我們常用光速1秒內可繞地球 7 圈半來說明光速有多快。

不過,筆者小時候聽到這樣的說明時,總覺得有種違和感。因為小時候的我,很難想像光會繞著地球轉7圈半。光不是一直都是直線前進的嗎?

當我聽到這種說明時,都必須暫時忘記地球是圓的這個事實。所以我覺得不要用這種方式說明光速比較好。我們可以假設有好幾個地球排成一列,而光在1秒內可以前

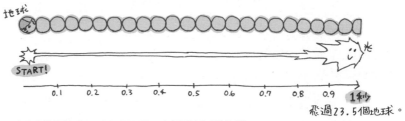

真空中的光速 (c = 299792458 m/s) 可以在1秒內飛過23.5個地球的距離。

進23.5個地球直徑的距離，雖然這個數字有些不乾不脆。

先不管這個，從日常生活的角度看來，光的速度快得不可思議，對人類來說只是一瞬間的事。為什麼光是這個速度？物理學無法告訴我們答案。我們只能透過測量得到這個速度，無法從任何理論推導出這個數字，這是第1章中提到的所有物理常數的共通性質。

光在物質中的速度，以及在真空中的速度並不相同。本書中提到光速時，都是指真空中的光速。

公尺的定義與光速

光速的數值原本是由實驗觀測決定的測量值，不過1960年起便不再如此。在這之前，1公尺的長度是由世界唯一的棒狀「公尺原器」決定的。然而，從1960年起，公尺便改由光速決定。

若排除誤差的影響，不論誰來測量，真空中的光速都是相同數值。於是，人們決定將1公尺定義成真空中的光在1秒內前進距離的299792458分之1。而光速的數值也不再有誤差，而是剛好等於本章開頭列出的數值。

之所以會用這種不乾不脆的數值來定義光速，是為了不和過去定義的1公尺長度有太大的誤差。如果將光速定義成整數的300000000 m/s（30萬km/s），也許會比較好記、比較方便。但如此一來，1公尺的長度就會縮短0.7公釐，造成混亂。除非有個能夠掌控全世界的獨裁者跳出來，不然不可能做出這樣的變更。

每個人的時間與空間尺度並不相同

　　光速誰來測都一樣，這句話其實和我們的常識有很大的矛盾。因為這表示，不管觀測者處於靜止狀態、追著光前進，還是和光反方向前進的狀態，都會測到相同的光速。

　　一般來說，當我們追著物體前進時，測到的速度應該會比物體真正的前進速度來得慢；當我們的前進方向與物體相反時，則會測到較快的速度。但光卻不是如此。

　　乍看之下似乎有矛盾，不過在愛因斯坦提出相對論之後，這個矛盾便消失了。因為對每個人來說，時間和空間的尺度本來就各不相同。

　　由相對論提到的時空性質可以知道，物體的移動速度

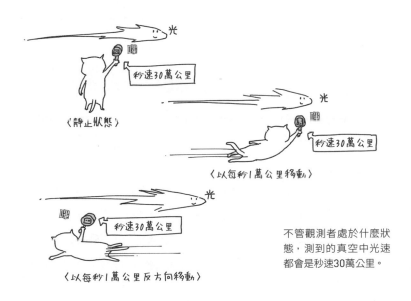

光
嗶
秒速30萬公里
〈靜止狀態〉

光
嗶
秒速30萬公里
〈以每秒1萬公里移動〉

光
嗶
秒速30萬公里
〈以每秒1萬公里反方向移動〉

不管觀測者處於什麼狀態，測到的真空中光速都會是秒速30萬公里。

無法超過光速，或者資訊傳遞速度無法超過光速。電訊號透過電線傳輸的速度也接近光速，但電訊號的速度仍無法超過光速。

要是光速改變的話

這裡讓我們想像一下，假設原本是30萬km/s的光速大幅改變的話，會發生什麼事。其中，我們假設1公尺的長度仍不變，只有光速本身改變。由這種假設狀況，應該可以想像得到光速的重要性。

即使光速變得比原本還要快，人類應該也不會有什麼感覺才對。因為對人類來說，光速已經相當快了，電訊號也是透過光速傳遞，所以電腦的資訊處理速度也相當快。不過，要是光速變得更快，光波的波長就會被拉長，使光的波動性變得更為顯著，想必我們眼中的世界也會變模糊吧。

相反的，如果光速變得極度緩慢，那麼世界大概會產生劇烈的變化吧。光速變慢會影響到原子與分子的化學性質，使這個世界變得不適合人類生存。這裡我們就假設，在光速變得極度緩慢的世界中，有另一種可以觀察世界的智慧生命體吧。

要是光速變得極度緩慢，那麼在廣義相對論（一般相對論）的效果下，眼前的光會直接墜落到地球上。也就是說，光無法離開地球。這表示地球會成為一個黑洞。但要是地球成了黑洞，就不可能有生物誕生。為了不讓地球成

為黑洞，便需假設此時的地球也變得相當輕。也就是說，這個假想世界中，重力的效果可以無視。

如果把條件設得更極端，假設這個假想世界中的光速是現實世界的3000萬分之1，也就是光速$c=10$ m/s，即36km/h。

這時，不只是光，所有粒子與物體的時速都不會超過36公里。不管是多快的交通工具，時速都不能超過36公里，汽車自然也無法開到時速60公里。

在一個光速極度緩慢的世界中搭乘汽車

假設在這樣的假想世界中，有一台時速30公里的汽車。由相對論可以知道，此時會出現勞倫茲收縮效應。所謂的勞倫茲收縮，是指物體以接近光速的速度移動時，在移動方向上會縮短的現象。

不過，如果觀察者一起移動的話，觀察到的樣子就不會變短。不同的觀察者，長度的尺度也不一樣，這是相對論的一大特徵。

對於馬路上靜止的人來說，觀察時速30公里橫向通過的汽車時，汽車的長度會縮短到原本的1/2。而且，在汽車橫向通過觀察者時，汽車後方的光會一邊前進，一邊橫跨車身。所以在側面的觀察者會覺得汽車好像轉了一個角度一樣，甚至可以從側面看到位於汽車後方的車牌。

另外，因為可以看到光的都卜勒效應，所以汽車靠近時會覺得汽車看起來偏藍色，遠離時會覺得汽車偏紅色。

時速30公里的汽車會產生相對論中的時間膨脹效應（浦島效應）。所謂的時間膨脹效應，指的是物體速度接近光速時，物體的時間流逝會變得比較慢的效應。從側面觀察汽車中的人時，他們會用原本的1/2倍速率，慢動作運動。不過對汽車內的人來說，時間的流逝速度和往常一樣。這再次說明了時間的尺度會因人而異。

　　如果來自遠方的汽車駛近馬路上靜止的人，那麼在這個人的眼中，汽車上的時間反而會流逝得比較快。因為對於靜止的人來說，汽車發出的光只比汽車的速度快20%。

　　當這個人看到距離他還有36公尺的汽車的瞬間，汽車距離這個人只剩下6公尺（汽車與光的秒速分別為8.33m/s與10m/s）。汽車需花費0.72秒走完剩下的6公尺，而在這0.72秒中，這個人會看到汽車前進了36公尺。

　　即使考慮到時間膨脹效應，這個人仍會看到3.3倍速的汽車。相反的，當汽車遠離這個人時，他所看到的汽車上的時間則會變慢，加上時間膨脹效應後，會看到0.3倍速的汽車。

　　對於時速30公里的汽車乘客來說，周圍的時間、空間也會產生扭曲。前方景色看起來會更藍，時間流逝會是3.3倍速，而且看起來像是被壓縮了一樣；後方景色則看起來更紅，時間流逝會是0.3倍速，而且看起來像是被拉長了一樣。窗外景色就像是一幅超現實主義的畫。

　　另外，如果汽車以時速30公里跑一陣子之後再停下來，會因為時間膨脹效應，使外頭經過的時間是車內時間的近兩倍。互相移動的人們之間，時間並不一致。所以

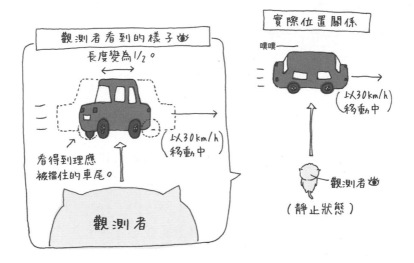

實際位置關係

觀測者看到的樣子👁

長度變為1/2。

看得到理應被擋住的車尾。

以30km/h移動中

觀測者

嘟嘟

以30km/h移動中

觀測者👁

（靜止狀態）

「遵守約定時間」一事就會變得有些困難。

在光速極度緩慢的世界中搭乘新幹線

在光速極度緩慢的世界中，即使是新幹線，時速也沒辦法超過36公里，不過或許可以達到時速35.5公里吧。此時相對論效應會變得更為強烈，假設你搭乘這輛新幹線從東京到大阪出差好了。

因為勞倫茲收縮效應，對於一旁靜止的人而言，這輛新幹線的長度會縮短成原本的1/6。新幹線有16節車廂，總長約為400公尺，但在一旁觀看時會縮短到67公尺。

從東京往大阪出發時，一開始會通過八津山隧道。這個隧道全長為275公尺。如果從隧道上方觀察列車通過隧

道的樣子，會看到縮成67公尺的新幹線悠哉地駛入隧道，沒過多久，就會整個隱沒至隧道內，完全看不到列車了。

不過，對於搭乘新幹線的人來說，新幹線全長仍為400公尺，反倒是隧道縮短成了46公尺。這表示隧道沒辦法容納整輛新幹線。從列車內看出去，會看到只有自己搭乘的車廂，以及前後各兩節車廂在隧道內，其他車廂則在隧道外。

有些人會看到新幹線完全沒入隧道內，有些人則否。或許你會覺得有些矛盾。但其實矛盾並不存在。在不同人眼中，「第一節車廂與最後一節車廂在某特定時刻的位

新幹線的速度 < 36 km/h

比現實世界中的短跑選手尤塞恩·博爾特（時速45公里）還要慢

在光速為36km/h的世界中，不管怎麼加速，都無法達到36km/h以上的速度。

為了抑制時間膨脹效應，或許得頒布新的法律。

置」本來就不會一樣，所謂的相對性便是如此。

另外，如果搭乘這輛新幹線從東京到大阪出差，在時間膨脹效應的影響下，從車外觀察到的車內時間為1/6倍速。對地面上靜止的人來說，新幹線從東京到大阪需花費14小時，但車廂內的人會覺得只過了2小時半。對於車廂內的人來說，明明只過了2小時半，外界卻已過了14小時。

工作上很難說這樣是好是壞。如果乘客在搭乘新幹線時製作1天後必須交出的文件，由於抵達明天的時間縮短了11小時半，所以他必須急忙製作出這些文件。另外，對於經常出差的人來說，老化速度也會比一直待在靜止地面的人來得慢。

Chapter | 03 |

重力常數：*G*

萬有引力定律

　　物體會往下掉落，這可以說是理所當然的事。我們從小就覺得這實在過於理所當然，所以不大會有「為什麼物體會掉落？」之類的疑問。

　　不過太空站的影片會顛覆這個常識。影片中，所有物體都飄浮在空中，讓人覺得是個奇怪的空間。說不定有某些讀者就是看到這類影片後，才開始思考為什麼太空中的物體不會往下掉。

　　另外，小時候的我們第一次聽到「地球是圓的」的時候，或許還會擔心地球另一面的人會不會掉下去。

　　在學到萬有引力定律之後，我們就能理解這些問題的答案了。

　　使物體往下掉落的重力，是存在於物體與地球之間的萬有引力。不過就算聽到這種敘述，還是很難讓人有真實感，因為我們一直都生活在地球表面。

　　請回想萬有引力定律。任何兩個物體之間都存在萬有引力。萬有引力與兩個物體的質量乘積成正比，與兩物體距離的平方成反比。

　　而描述這個關係的比例常數叫做重力常數，是一個物理常數。其數值為：

$$G = 6.6274 \times 10^{-11} \, \text{m}^3 \, \text{kg}^{-1} \, \text{s}^{-2}$$

該常數含有10^{-11}這個極微小的數值因子，可見從人類的標準看來，重力是非常微小的力。順帶一提，和其他物理常數相比，我們很難測量到精密的重力常數，因為重力實在太小了。

為什麼萬有引力定律會成立？

　　讓物體往下掉的重力，可以用萬有引力來說明。那麼，為什麼彼此有一段距離的兩個物體之間，會互相吸引呢？另外，為什麼決定這個力量強度的重力常數G會那麼小呢？

　　發現萬有引力定律的是艾薩克・牛頓。但他並沒有說明為什麼會有萬有引力。相對的，他對於萬有引力的來源「不建立假說」。

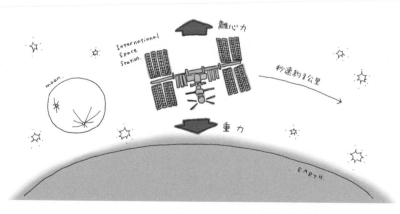

在400公里高空飛行的ISS(國際太空站)也會受到地球重力的影響，約為地表重力的90%。但ISS受到的地球重力會與離心力彼此抵消，使內部呈現無重力狀態。

這種態度也被現代物理學繼承下來。萬有引力定律是說明物體會落下、行星會繞著太陽規則公轉的基本定律。雖然萬有引力可以說明許多現象，但我們不會去過問這個基本定律為什麼會成立。

　　從牛頓力學到現代物理學，雖然有了很大的進步，不過「不去說明基本定律成立的原因」這點，一直沒有改變。這種看似放棄的態度，反而讓現代科學能順利發展。

時間與空間的扭曲

　　到了現在，萬有引力定律成立的理由已可用天才物理學家阿爾伯特・愛因斯坦提出的廣義相對論來說明。廣義相對論認為，萬有引力來自時間與空間的扭曲。

　　在相對論中，時間與空間俱為一體，統稱做時空。時

間可以用1個數來表示，空間則可用長、寬、高等3個數來表示。

所以，當我們想表示一件事發生在何時何地時，需要用到4個數。這代表時空有四個維度，或者說我們生活在四維時空的世界中。

與我們的直覺不同，這個時空並非一片平坦。舉例來說，想像一張平坦張開的紙，這就是一個完全平坦的二維空間。

我們很少在自然界中看到真正完全平坦的二維平面。水的表面有水波，地表有山有谷。兩者都可以算是平面，但也都凹凸不平。這就是扭曲的二維空間。

四維時空也一樣，並不完全平坦，而是凹凸不平的時空，也可以說是一個扭曲的四維時空。

這個時空的凹凸不平，是由存在於當中的物質所造成的。地球上的人們或許感覺不出來，但只要有物質存在，它的周圍就會有些許的時空扭曲。

我們可以在完全平坦的紙張上畫出一條直線，但要在凹凸不平的面上畫出一條直線就有些困難了。因為線條會隨著面的凹凸情況而自然扭曲。

如果時空完全平坦，那麼光就會走直線。但因為上述原因，在時空扭曲的狀況下，光的路徑不會是嚴格的直線，而是會自然而然地扭曲。

不過，對人類來說，這樣的時空扭曲非常小。地球上的時空也是扭曲的，不過光線在人們眼中仍是直線前進的，因為光的速度實在太快了。

如同我們在第2章中談到的，要是光速慢到眼睛能夠看得到它移動的程度，那麼光就會被地球吸引住而往下墜，不會直線前進。

　　但實際上，光速快到眼睛無法察覺，所以我們只會覺得光是以直線前進。

　　所以說，我們很難察覺到我們生存的四維時空有扭曲的情況。不過，這個時空確實是扭曲的。我們可以透過精密的實驗，直接確認時空的扭曲程度。

時空的扭曲產生了萬有引力

　　愛因斯坦注意到，這個四維空間的扭曲是萬有引力的成因。

　　在他的理論中，相隔一段距離的物體並非直接吸引彼此。物體會使周圍的四維時空產生扭曲。如果扭曲的時空內有其他物體，那麼這個其他物體就不會保持靜止，而是會開始移動。

　　所謂的靜止，指的是朝著時間的方向筆直前進。時空扭曲的情況下，兩物體之間就會產生吸引力，這就是萬有引力的真相。

　　愛因斯坦的這個理論又叫做「廣義相對論」（一般相對論）。在這之前，愛因斯坦曾提出沒有考慮到重力的時空理論，該理論稱作「狹義相對論」（特殊相對論）。

　　廣義相對論是狹義相對論在考慮到重力之後，一般化的形式，可將重力解釋成時空的性質，這可以說是相當驚

人的發現。

　　牛頓的理論中，重力常數是萬有引力的比例常數。另一方面，愛因斯坦的理論中，重力常數是物體周圍時空扭曲程度的比例常數。重力常數越大，物體周圍的時空扭曲程度也越大。換言之，因為重力常數的數值對人類來說相當小，所以時空扭曲的程度也很小。

　　為什麼牛頓的萬有引力定律會成立？牛頓沒辦法回答這個問題。愛因斯坦則透過廣義相對論的時空扭曲說明了這點。

　　但愛因斯坦卻沒辦法回答「為什麼物體會造成時空扭曲？」，因為這是廣義相對論的基本定律。所以說，即使有了廣義相對論，我們仍無法說明為什麼重力常數是特定數值。

〔物質影響時空的示意圖〕

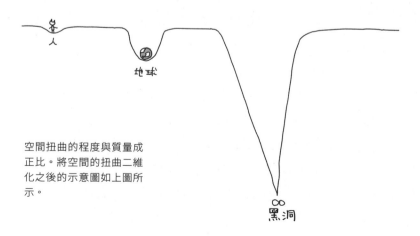

空間扭曲的程度與質量成正比。將空間的扭曲二維化之後的示意圖如上圖所示。

要是重力變得比現在更強或更弱的話

和其他力比起來，重力相當弱。地球那麼大的物體確實會讓地表的時空產生扭曲，但扭曲的程度過於微小，人類實在難以察覺。

要是重力常數變為現在的10億倍，原本10^{-11}的因子變成10^{-2}的話，地球上的人類就能夠感受到時空的扭曲，並且親眼看到光線不再直線前進。

但若是如此，即使我們朝上發射光線，光線也會被地球吸引回來。這代表地球本身會成為一個黑洞。

要是重力過強的話，地球就會沒辦法撐住自己的重量而塌陷，連地面都將不復存在，人類當然也無法居住在這樣的地球。所以說，「人類無法感受到時空扭曲」並不是偶然。

重力也是造成各種天文現象的主因。所有宇宙中的星體，原本都是漂浮在廣大宇宙空間中的物質，分布情況相當零散，是重力把這些物質聚集成了星體。

要是沒有重力，就不會有恆星、行星。重力常數對人類來說相當微小，不過當物質量增加時，就會形成很大的力量。

要是重力比現在更弱的話，會對宇宙產生什麼樣的影響呢？若是如此，宇宙結構的變化會緩慢許多。在形成太陽之類的恆星時，想必也會花上不少時間吧。

既然如此，那也只是形成星體時多花點時間而已不是嗎？然而，以眼下的條件來說，宇宙會逐漸膨脹，所以物

要是重力常數變為現在的10億倍，10^{-11}的因子變成10^{-2}的話，地球就會變成一個黑洞。

質的密度也逐漸變得稀薄，形成星體所需要的時間將會越來越長。

　　要是物質的密度變得過於稀薄，應該就沒辦法形成星體了吧。要是沒能形成星體，宇宙、人類也不復存在。可見重力過小對人類來說也不是好事。

　　相反的，要是重力變得比現在來得強，物質便會迅速集中。星體發光時需要消耗燃料，在強烈重力下，這些燃料會被急速消費，使星體壽命縮短。這也會使地球等行星沒有充分的時間可以讓生命演化。

要是重力突然變弱，或許就會出現真正的超級英雄，可以做到過去人類做不到的動作。但要是重力變得太弱，地球的大氣也會變得稀薄，所以這個超級英雄必須揹著氧氣瓶才行。

　　另外，要是重力過強，銀河系內恆星間的距離也會縮短。太陽系內的行星會受到其他恆星的重力影響，沒辦法穩定繞著太陽公轉數十億年，這麼一來，人類大概也不會出現在地球上吧。

　　也就是說，重力常數對人類來說相當微小，但是這個數值並不會太小，也不會太大，而是一個剛剛好的數值，讓我們能夠誕生在這個宇宙中。

Chapter |04|

普朗克
常數：h

充滿謎團的量子論

在我們開始觀察之前，世界都不存在……。你是否曾陷入這個哲學性課題呢？

我們通常會認為，周圍世界如何演變，和自己有沒有在觀察應該沒有關係才對。不過，那些我們沒觀察到的事件，真的在我們觀察之前就已經決定了嗎？

舉例來說，假設你希望喜歡的足球隊或棒球隊能在一場重要的比賽中勝利，但你沒辦法觀看這場比賽的轉播，只好設定錄影、之後再看。這時候，你就不希望在觀看錄影前，從任何地方聽到比賽結果，而且在聽到比賽結果前，都會覺得結果還不確定。事實上，雖然對自己來說結果還不確定，但對整個世界來說，結果早已確定。

在上述例子中，結果確實已經確定下來，但微觀世界中就不盡如此了。所謂的微觀世界，就是量子論的世界。量子論的世界與人類的常識有很大的落差，某種程度上，量子論可以說是比相對論更加嶄新的理論，同時也是最讓人難以理解的理論。

量子論的專家，美國物理學家理查·費曼說：「如果你認為你已經瞭解量子力學，就表示你還不瞭解量子力學。」量子論就是這麼一個神祕的東西。

不過，量子論的正確性無庸置疑。支撐著現代社會的多種技術，都會用到量子論，量子論早已滲入我們的日常生活中。智慧型手機、電腦等半導體技術都會用到量子論，這些產品運行時需遵守相關物理定律。醫用或讀條碼

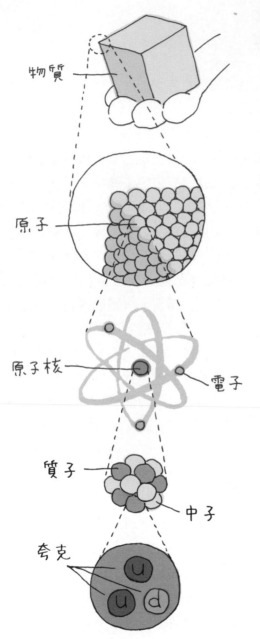

物質

原子

原子核

電子

質子

中子

夸克

量子是什麼？

量子一詞，源自物理量的最
小單位，基本粒子。除了電
子之外，基本粒子也包括了
構成質子或中子的夸克（上
夸克、下夸克）等。

時所用的雷射，也是量子論原理的應用。量子論已是現代社會中不可或缺的理論。

牛頓力學與量子力學

我們周遭的物體運動，大概都能用牛頓力學來理解。我猜多數讀者應該也都學過牛頓運動定律才對。

牛頓力學在直覺上很好理解。我們在腦中可以輕易想像物體位於何處（位置），以多快的速率朝哪個方向移動（速度），被施加了哪些力。就算不用詳細說明，我們也可以基於日常經驗直覺理解這些事。

然而，在人眼看不到的微小世界，卻有著違背人類直覺的規則。

所有物質都由原子構成。原子則由原子核及其周圍的電子組成。原子核與電子分別帶有正電與負電，藉由靜電力結合在一起。

原子核與電子之間的靜電吸引力相當強，不免讓人擔心原子核和電子會不會自然而然地合為一體。可能你會想到，原子核周圍的電子是不是就像繞著太陽轉的行星一樣，離心力與重力達成平衡呢？

但這是不可能的。帶負電的電子繞著原子核旋轉時，會釋放出光，進而失去能量。所以繞著原子核轉的電子應該會畫出一個螺旋狀的軌道，被吸進原子核內才對。

這個問題曾讓物理學家們人為苦惱。他們想試著用牛頓力學來說明原子核和電子的關係，卻一直做不到。最

後只好承認牛頓力學在原子世界並不成立，並提出新的力學——量子力學。

微觀世界與普朗克常數

　　原子內會發生許多無法用牛頓力學說明的現象。牛頓力學在我們周遭的世界中成立，但在原子這種微觀世界中卻不成立，兩者間的界線究竟在哪裡呢？決定這個界限的是普朗克常數h，其值如下。

$$h = 6.62607015 \times 10^{-34} \, \mathrm{m^2 \, kg \, s^{-1}}$$

　　這個常數中有個極小的因子10^{-34}。由此可以看出，只要尺度沒有小到原子那麼小，牛頓力學都適用。

　　因為普朗克常數是一個非常小但不是零的數，所以原子內的電子不會被原子核吸進去。這可以用「不確定原理」來說明。

　　簡單來說，不確定原理就是指，粒子的某些性質無法同時確定。具體而言，我們無法同時知道一個電子的所在位置與運動速度。

　　要是電子的位置與速度都是一個確定的數值，我們就有辦法讓電子固定在一個點，使其靜止。當電子開始繞著原子核轉時，會逐漸失去能量，墜落至原子核內，所以電子就位於原子的中心，和原子核的位置相同。

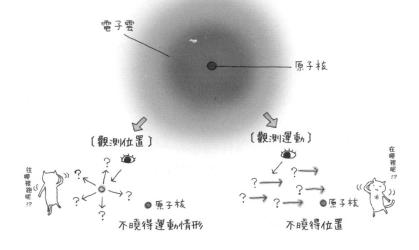

電子雲

原子核

〔觀測位置〕

往哪裡跑呢!?

?

原子核

不曉得運動情形

〔觀測運動〕

在哪裡呢!?

?

原子核

不曉得位置

關於不確定原理

沒有觀測的時候，電子就像雲一樣圍繞在原子核周圍（電子雲）。不過在人類觀測電子的一瞬間，原本像雲一樣的電子就會縮小成一個點。然而，如果我們確定了電子的位置，就無法確定電子的運動情形；相反的，如果確定電子的運動情形，就不能確定電子的位置。

　　但因為有不確定原理，所以電子不會靜止在原子中心。倘若靜止在原子中心，就表示位置與速度都確定下來了。

　　依照不確定原理，要是確定了粒子的位置，就無法確定其速度；要是確定了粒子的速度，就無法確定其位置。一般來說，我們只能同時將粒子的位置與速度限制在一個範圍內，無法同時確定這兩個數值。

　　普朗克常數就是表示不確定的程度有多大的常數。當我們想要同時測量電子的位置與速度時，位置不確定程度（Δx）與速度不確定程度（Δv）的乘積，會等於普朗克

常數（h）除以電子質量再除以4π。

　　普朗克常數的存在，可以說明為什麼電子能穩定存在於原子內。要是電子墜落到原子中心，位置就會完全確定了，但不確定原理不允許這種事發生，所以電子不會真的墜落到原子核中心。

　　要是普朗克常數變得比現在大，電子所在位置的模糊程度也會變大，所以原子也會跟著變大。

多種現實重合在一起的狀態

　　即使粒子的位置與速度這兩種性質不能同時確定，只要測量其中一個性質，該性質的數值就會被確定下來。如

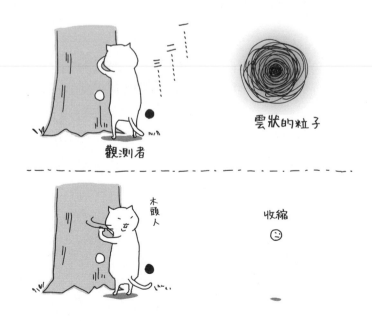

觀測者

雲狀的粒子

木頭人

收縮

果我們正確測量出粒子的速度，就會得到粒子在那個瞬間的可能位置，這會是一個範圍，我們無法確定粒子會在這個範圍內的哪個位置。不過，我們可以計算出粒子在範圍內某個位置的機率是多少。

相對的，如果我們正確測量出粒子位於這個範圍內的某處，那麼粒子的速度就會是一個機率性的範圍。

這表示，我們會在哪裡發現粒子，全由運氣決定。這和「粒子原本就在某處，只是觀測者不知道在哪裡」不同，而是「粒子的存在真的以機率的形式分布在空間中，不過當觀測者測量時，粒子會收縮到一個位置上」。在量子的世界中，要是不這麼想就說不通。

或者也可以說，在觀測者測量之前，有多種現實以機率的形式重疊在一起，而在測量的瞬間會決定唯一的事實。

簡單來說，你的觀察與否，會對（微觀）世界產生決定性的影響。

這點是量子力學中最難理解的部分，在量子力學的歷史上也曾引發過多次爭論。不過，這樣的量子論確實是支撐著現代社會的重要理論。

如果普朗克常數變大的話

假如普朗克常數大到人類感覺得到的程度，世界會變得如何呢？只有普朗克常數變大的話，原子也會跟著變大，這樣的世界大概不會出現人類之類的智慧生命體吧。

就算有智慧生命體，那也一定會跟著原子變得很大。

　　假設人的大小不變，只有周圍世界的普朗克常數變得很大的話，會發生什麼事呢？

　　假設普朗克常數變成了 h=10m²kg/s。在這樣的世界裡，聊天中的兩個人會難以看清對方的位置或速度。如果為了讓對方的臉部輪廓看起來更清楚，而將位置的準確程度縮小到1cm範圍內，那麼速度模糊的程度就會大到1m/s，在還沒開始講話之前，就會到處亂飛。

　　而且，在我們沒有看向對方時，存在許多個現實。所

要是自家以內和以外的區域，普朗克常數變得很大……大概就沒有隱私了吧。

以當我們別過眼去的瞬間，就無法確定對方接著會跑到哪個位置。

另外，丟球時，球的位置與速度無法同時確定，所以我們也無法確定球丟出去之後會飛到哪裡，只能交給運氣決定。

還有，當我們待在有牆壁隔間的房間裡時，就算牆上沒有洞，房間外的某個東西也可能會突然飛進房間裡，這個性質在量子力學中叫做穿隧效應。

總之，一切事物都會變得亂七八糟。很難想像這樣的世界中會有智慧生命體，就算有，他們的思考方式應該也和我們完全不同。

公斤的定義與普朗克常數

不久前，現實中的普朗克常數是由實驗觀測而來的測量值。不過，為了固定普朗克常數的數值，有人提出應該要改用普朗克常數的數值來定義公斤這個質量單位。而2018年11月的第26屆國際度量衡大會接受了這項提案，自2019年5月19日起，普朗克常數改為沒有誤差的數值，用於定義公斤，也就是前面列出的數值。

在這之前，人們使用國際公斤原器來定義公斤，這個原器被保管於法國的國際度量衡局。人們從1889年起，開始用公斤原器來定義公斤，在這次修正後，公斤原器也完成了它約130年的使命。

Chapter | 05 |

單位與
普朗克尺度

沒有單位的測量值就沒有意義

測量某個東西時需要單位。當年的理科實驗中，老師一定會提醒你，測量某個東西時絕對不能忘了加上單位。

想像一個漫步中的物理學者，看到學生們在某個鬧區拿著單擺，像是在做什麼實驗的樣子。學者問他們在做什麼，學生則回答他們在測量鬧區的比重。於是學者接著又問：「你們要用公斤為單位測量嗎？還是用立方公尺為單位？或是用秒、公分為單位呢？」

學生回答：「用什麼都可以吧。只要有量出數字不就好了嗎？」

然而，要是沒有單位的話，測量值就沒有意義。只有當大家都默認會使用哪個單位時，才會省略單位。譬如在我們的日常生活中，會說時速超過60、體重減到50等等，省略了公里、公斤等單位，因為大家都知道這些數值不會是其他單位。現在已經沒有人在用「尺」、「斤」等單位來計算速度、體重了，所以不會混淆。

公尺、公斤、秒這3個單位是國際標準的公制基本單位。使用這3個單位的制度稱做MKS單位制，名稱源自3個單位的首字母。

單位用錯的話

在日本，MKS單位制已成為社會標準，但某些國家仍不常使用MKS單位。其中最有影響力的就是美國。美

國至今仍在使用英制單位。筆者曾住在美國一段時間，充分瞭解到英制單位的方便性，所以也能理解為什麼他們不想轉變成公制單位。

舉例來說，1磅大約是一個人一天消費的大麥重量，1英呎約為人的腳長，1英哩約為人類走2000步的距離。不過，當我們需要把英制單位換算成公制單位時，會顯得不大方便，也容易產生誤解。

美國於1998年發射了火星氣候探測者號，經過9個月後抵達火星，卻因為進入了比預期中還要低的軌道，後來下落不明。

調查原因後發現，一個團隊使用英制單位計算探測器的推力數據，並將計算結果轉送給另一個團隊。然而接收數據的一方把它當成公制單位的數據，並用它來控制探測器。奇妙的是，在這9個月中居然沒有人發現這個錯誤，探測器還能夠順利接近火星，反而讓人有些佩服。

使用多年的公斤原器

前一章的最後我們提到，科學家們固定住普朗克常數的數值，並用它來定義公斤。在2018年11月的國際度量衡大會中，正式確定了這件事。於是，使用了130年的國際公斤原器終於結束了它的任務。

原本公斤這個單位是用1公升水的質量來定義。不過，水的體積會因為溫度與壓力而產生變化，在精密條件的測量下，這樣的定義並不適用。於是人們在1779年製

【1公尺的定義】

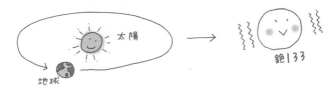

過去

1公尺是國際公尺原器的長度。

現在

1公尺是真空中的光在2億9979萬2458分之1秒內前進的距離。

【1秒的定義】

過去

1秒是地球公轉週期（1年）的3155萬6925.9747分之1。

現在

銫133會週期性地釋放出某種特定光線。而1秒的定義是，銫133發出91億9263萬1770次這種光線需要的時間。

【1公斤的定義】

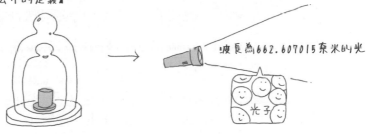

不久前

1公斤是國際公斤原器的質量。

2019年5月20日～

定義2.99792458×10^{35}個波長為662.607015奈米的光子所含有之能量在轉換成質量後為1公斤。

作了國際公斤原器，規定某個世界上唯一的物體為公斤原器，定義1公斤為公斤原器的質量。最初使用的是鉑製公斤原器，1889年起改用鉑銥合金的公斤原器，並保管於法國國際度量衡局。這個公斤原器有許多複製品，它們被送往各國，使用了很長一段時間。

　　這些複製品每隔40年會送回來，以精密天秤比較與本體的差異。當然，不管是複製品還是本體，多年以後都會產生一定程度的變化，每年質量大約會增減1微克。既然連做為標準的原器質量都會出現變化，那也就表示公斤的定義仍不能滿足精密測量的需求。隨著時代的進步，人們要求公斤精密定義的聲量也與日俱增。

以普朗克常數定義公斤

　　早期人們使用人造物與地球的運動來定義公尺與秒，這種定義方式會使單位大小隨著時間改變。不過已有很長一段時間，人們改用更為精準的方式來定義這兩個單位了。我們在第2章中也有提到，人們改用真空中的光速來定義公尺，改用銫原子所放出的微波週期來定義秒。然而，質量單位仍一直使用公斤原器來定義。

　　其中一個原因是，沒有比公斤原器更為恰當的定義方式。雖然公斤原器會隨著時間經過而產生些微變化，但變化幅度小到只有小數點以下8位。要是新的定義方式沒辦法精準到8個位數以上的話，採用新的定義方式就沒有意義，用原本的公斤原器還比較精準。

但是，隨著測量技術的進步，科學家們終於能夠拋開公斤原器的定義方式了。因為用新方法測量普朗克常數時，可以精準到8個位數以上，所以人們就改用普朗克常數來定義公斤了。

　　不過就算公斤的定義改變，也不會影響到我們的生活。小數點以下8位的數字確實有改變，但應該不會有人察覺到這麼微小的變化吧。然而，如果變化大到小數點以下2位的話，事情就麻煩了。昨天測量的公斤數，到了今天就會增加好幾個百分點，譬如體重就會出現好幾公斤的變化。對一個正在減肥的人來說，即使生理上沒有任何變

化，卻因為公斤的定義改變使體重數值增加的話，想必會
讓他相當沮喪吧。無論如何，公斤的定義出現大幅變動一
定會引起社會混亂。既然眼下的社會並沒有出現混亂，就
表示這個改變小到不會對我們的生活造成影響。

普朗克尺度

　　本章之前，我們已經談過真空光速、重力常數、普朗
克常數等3個物理常數。這3個物理常數是物理學中最基
本的常數，且這些常數的單位都可寫成長度、質量、時間
單位的組合。這表示，將這3個常數適當組合，應可得到
僅有長度單位的量、僅有質量單位的量，以及僅有時間單
位的量。這3個量分別為普朗克長度、普朗克質量、普朗
克時間。具體數字如下。

$$l_\mathrm{p} = \sqrt{\frac{\hbar G}{c^3}} = 1.161625 \times 10^{-35}\,\mathrm{m}$$

$$m_\mathrm{p} = \sqrt{\frac{\hbar c}{G}} = 2.17644 \times 10^{-8}\,\mathrm{kg}$$

$$t_\mathrm{p} = \sqrt{\frac{\hbar G}{c^5}} = 5.39125 \times 10^{-44}\,\mathrm{s}$$

其中，$\hbar = \mathrm{h}/2\pi$，稱做約化普朗克常數，或是狄拉克常數，是普朗克常數除以2π後得到的數值。

這3個物理常數與物理定律有著密切的關係。真空中的光速與狹義相對論有關，普朗克常數與量子論有關，重力常數與廣義相對論有關，皆為各理論中相當重要的常數。所以由這些常數組合成的3個普朗克尺度，在某種意義上，也讓上述這些理論變得相當重要。

普朗克尺度的意義

舉例來說，比普朗克長度來得短的距離，會因為量子論的不確定原理使時空變得模糊。我們習以為常的連續空間概念，已不適用於這樣的長度。在這個等級的長度下，空間會因為量子效應而變得複雜而扭曲，可說是一個混沌的空間。

普朗克時間也一樣。時間一般給人平穩流動的印象，但比普朗克時間短的時間尺度並不符合這種印象，而是顯得相當複雜而扭曲。不過，時空的量子理論還沒有完成，所以我們並不曉得比普朗克長度或普朗克時間還要小的尺度究竟長什麼樣子。也可以說，普朗克長度與普朗克時間是標示著人類知識界線的尺度。

普朗克單位

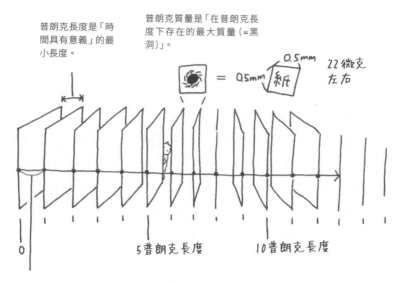

普朗克長度是「時間具有意義」的最小長度。

普朗克質量是「在普朗克長度下存在的最大質量(=黑洞)」。

0.5mm

= 0.5mm 紙

22微克左右

5普朗克長度

10普朗克長度

0

普朗克時間是以光速通過普朗克長度時需要的時間。

　　另一方面，普朗克質量就沒有那麼小了。普朗克質量大約是22微克，和一個0.5公釐見方的紙片質量相同。然而，質量本身與時空並沒有直接關係，所以不需要太過緊張。不過，如果有一個黑洞的質量等於普朗克質量，那麼這個黑洞就會有很強的量子效應，會在普朗克時間內迅速蒸發。因此，普朗克質量可以說是黑洞的最小質量。

普朗克單位制

　　前面我們曾提到各種普朗克尺度在MKS單位制下的

數值。這裡我們可以將普朗克尺度的數值皆設為1，建構另一套單位制，用於描述長度、質量和時間的單位。

這套單位制是由發現普朗克常數的馬克斯・普朗克提出，故稱為普朗克單位制。若使用普朗克單位制，那麼物理定律中的c、G、$\hbar$皆可消去，簡化方程式。所以普朗克單位制常在理論物理學中使用。

要是普朗克長度變大的話

幸好普朗克長度和普朗克時間的數值對人類來說相當小，要是普朗克長度和人類身高相同的話，時空就會因為量子的不確定原理而扭曲。

目前仍沒有適當的物理理論能夠描述這種扭曲的時空，所以我們也不曉得普朗克長度變大的話會發生什麼事，但至少和我們熟知的時空性質會完全不同。

這樣的時空會從根本顛覆「時空為直線延伸」的常識，許多蟲洞和黑洞會在空間中任意出現又消失。而且這些東西都會有明顯的量子性質，使我們的周遭呈現出現實與虛幻交疊在一起的神奇狀態。至少我們可以確定，這樣的環境應該不會有智慧生命體誕生。

Chapter | 06 |

基本電荷：e

生活中不可或缺的電力

電力是我們日常生活中不可或缺的東西，它讓我們可在按下開關後點亮電燈，讓我們可透過操作智慧型手機完成許多事，讓我們可搭乘電車到城市的另一端，可以讓房間變涼或冷卻啤酒，可以讓吸塵器、洗衣機運作。短暫的停電，就會讓我們相當困擾。

要是從明天開始不能用電，就會馬上回到明治初期（1868～）的生活。夜間的照明只有蠟燭或瓦斯燈。不能用電話、電子郵件、Line，通訊只能靠手寫信件。電車不能動，街上只有不使用電的柴油汽車或公車。要打掃家裡或洗衣時，就得拿出掃帚或洗衣板。

電是個相當方便的東西，其本體為正電荷與負電荷。在電線內流動的電流，其實是電子移動所產生的現象。如同各位知道的，原子由原子核及電子組成。電子帶有負電荷，原子核內有帶正電荷的質子，電子與質子的電荷符號相反，大小相同。

討厭人類的天才──卡文迪許

想必你應該學過，我們可以用庫倫定律來計算兩個電荷間的作用力。

庫倫定律指出，兩個電荷的符號相同時是斥力，相反時是吸力，力的大小與電荷乘積成正比，與距離的平方成反比。

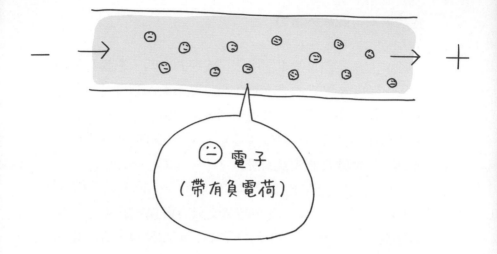

電子帶有負電荷，會被電池的負極排斥，被正極吸引，所以會從電池的負極流向電池的正極。

　　庫倫定律這個名稱，源自發現這個定律並發表的法國物理學家，夏爾・庫倫。不過，第一個在實驗中發現這個定律的是英國科學家亨利・卡文迪許，庫倫發現這個定律的時間點在卡文迪許之後。現在的人們雖然都知道這件事，但已經固定下來的名稱很難再改變。

　　卡文迪許是個極度討厭人類的著名天才科學家。雖然他生前就已有許多驚人的研究成果，多數卻都沒有公開發表，庫倫定律也一樣。

　　卡文迪許比庫倫還早10年發現了庫倫定律，人們卻是在他死後整理遺稿時才發現這件事。

　　卡文迪許並不在乎世間的名譽與成就，對人際關係的

厭惡近乎病態。因為父親留給他龐大的遺產，所以他沒有
工作的必要。於是他把自宅改造成巨大的實驗室，在不受
任何人打擾的情況下獨自進行實驗。他甚至也不大想和傭
人交談，即使在同一個房子內，也會用紙條聯絡。

　　除了庫倫定律之外，卡文迪許也是第一個發現與電阻
有關的歐姆定律，與氣體有關的道爾頓分壓定律、查理定
律的人，不過人們也是在他死後才知道這些事。

什麼是基本電荷？

　　電子是無法繼續分割的基本粒子。所以電線中流動的
電荷可以1個、2個地一一數出來。換言之，電荷量是有
基本單位的量，稱做基本電荷，以 e 表示，其數值為：

$$e = 1.602176634 \times 10^{-19} \mathrm{A \cdot s}$$

　　這裡用A·s做為電荷的單位，有時也會寫成庫倫C。
如各位所知，電流的單位是安培A，代表電線1秒內流過
多少庫倫的電荷。所以A = C/s關係式成立。

　　基本電荷有個相當小的因子10^{-19}，這是因為人們平常
使用的電荷單位實在太大。標準單位是以方便人類日常使
用的方式制定的。

　　從原子的世界看來，基本電荷的數值並不小，而是大
到可以將電子保留在原子內。

比基本電荷還要小的電荷

以前人們曾認為質子和中子是無法再分割的基本粒子，並認為基本電荷是電荷的最小單位。但後來科學家發現，質子與中子都是由3個夸克組合成的複合粒子。

夸克的電荷量以基本電荷的1/3為單位。譬如質子就是由2個帶+2/3 e 電荷的上夸克，以及1個帶−1/3 e 電荷的下夸克組成，總計帶有+e 的電荷。而中子則是由1個帶+2/3 e 電荷的上夸克，以及2個帶−1/3 e 電荷的下夸克組成，加總後為電中性。

不過，夸克沒辦法單獨存在，所以我們無法觀察到比

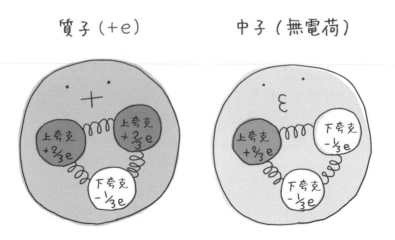

質子含有2個上夸克（u）與1個下夸克（d），總電荷剛好為 +e。
中子含有1個上夸克與2個下夸克，為電中性。

基本電荷 e 還要小的電荷量。

我們周遭的力幾乎都是靜電力

　　我們的周遭可以看到各式各樣的力。譬如人的肌力、擠壓空氣時產生的壓力、拉緊繩子時產生的張力、兩個物體摩擦時產生的摩擦力、彈簧回彈的彈力、支撐重物的正向力等等。

　　這些是我們日常生活中不可或缺的力。要是沒有肌力的話，人類什麼都做不到；沒有壓力的話，想呼吸也沒辦法；沒有摩擦力的話，我們就無法走路，衣服還會自己滑

我們周遭的力幾乎都是由電磁力構成。所謂的電磁力，即是粒子釋放、吸收光子時產生的交互作用。

下來，使我們無法外出。

　　這些力乍看之下都是由不同的力構成，但微觀下，其實都是同一種力。所有物質都是由原子構成，所以這些力都是原子之間產生的靜電力。

　　事實上，除了重力與慣性力之外，我們周圍的力都源自於原子之間的靜電力或磁力。磁力就是作用於磁石之間的力。

　　靜電力與磁力之間關係密切，物理上是同一個來源。電荷流動時會產生磁場，磁石移動時會產生電場，故可想像靜電力與磁力原本就是同一種東西。

　　不過，重力與慣性力不同於此，無法用靜電力與磁力說明。

　　日常生活中可能感覺不出來，但其實世界上所有物體與生物之所以能夠保持外形，都是因為有靜電力的關係。

　　原子核與電子以靜電力結合成原子，多個原子可彼此相連成分子，這些都肇因於原子核或電子等粒子之間的吸引力或排斥力。

　　另外，固體堅硬而不容易被破壞、水之類的液體柔軟可任意變形等，都是因為原子之間存在靜電力，才會具有這些性質。

　　因此，表示電子與質子之電荷量的基本電荷數值，必須是一個剛剛好的數值，才能讓這個世界的物體維持住它們的外形。

　　要是基本電荷的數值改變，我們看到的世界也會變得完全不同。

基本電荷改變的話

當基本電荷的數值稍有改變，作用於原子與分子的靜電力也會出現變化，使物質的化學性質改變。這對生命來說並不是件好事。

舉例來說，地球上有大量的水，水對生命來說是相當重要的物質。水擁有其他物質所沒有的特殊性質，而這些性質對生命來說十分重要。

一般物質從液態冷卻成固態時，體積會收縮，所以單位體積的重量（密度）會變重。不過水剛好相反，冰比水來得輕。

要是冰比水來得重的話，會發生什麼事呢？在寒冷的冬天，水的表面冷卻後會凍結成冰，但冰卻不會浮在水面上，而是沉到水底。湖或海會從底部開始凍結，直到所有的水都變成冰。這麼一來，只能生存在水中的生物就會全數滅絕。

但現實世界中，水的表面結凍成冰之後，會保護下方的水不會繼續結凍。所以即使到了冬天，冰底下的水仍不會凍結，而是保持液態水的環境，使生物能繼續生存。

水之所以會那麼特殊，是因為水分子擁有很特別的性質。水分子中，與氧原子結合的兩個氫原子之夾角為104.5°這個角度略小於正四面體重心與兩個頂點間的夾角109.5°就是因為這樣的夾角，使水擁有上述特殊性質。

這個特別的角度與靜電力的強度有關。要是基本電荷

的數值不同，水分子的角度也會有所改變，使其失去上述性質。

對於生命來說，重要的不只是水的化學性質。生物體內有各式各樣的蛋白質，是由氫、碳、氮、氧、磷、硫等元素構成的複雜分子。蛋白質擁有複雜而巧妙的功能，以維持生命。要是蛋白質失去了它特殊的化學性質，生命也將不復存在。

倘若基本電荷的數值稍有改變，這些特殊性質就會突

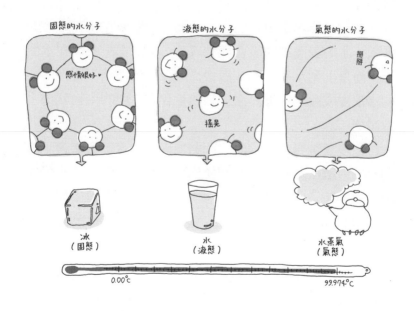

固態水的密度比液態水來得低。這個性質相當特殊，與其他物質大不相同。所以冰會浮在水面上。

然消失。在這樣的世界中，人類等高度智慧生命體誕生的可能性想必也相當低吧。

安培的定義與基本電荷

過去的基本電荷，都是透過實驗觀測得到的測量值。不過，就和我們在第4章中介紹過的普朗克常數一樣，在2018年11月的國際度量衡大會中，決定從2019年5月起，將基本電荷定義為前面提到的數值。確定了基本電荷之後，電流單位安培也會跟著確定下來。前面提到的基本電荷數值為定義值，所以沒有誤差。

過去在定義安培大小時，必需假設有兩條可視為無限長的電線，再由電線內的電流在兩條電線間產生的力來定義安培。然而，實務上很難精密地測量這種裝置中的電流大小。做為替代，我們將1安培定義為1秒內有$10^{19}/1.602176634\,e$的電荷流過電線時所產生的電流。

Chapter | 07 |

費米
常數：G_F

專屬於弱力的費米常數

　　如同在前一章中提到的，我們日常生活中能夠感覺到的各種「力」，都可以用重力或電磁力來說明。

　　不過，已知的力不是只有重力與電磁力，除此之外還有兩種力，分別叫做「弱力」與「強力」。

　　這名字聽起來單純到讓人覺得是不是在唬人。明明重力和電磁力的名字聽起來很專業，為什麼會把力取名為弱力或強力呢……？

　　把弱、強這種主觀的形容詞當成力的名字，總是讓人覺得怪怪的。如果這種命名方式行得通，那應該也可以把力命名為好力、壞力、生存力、傾聽力之類的吧。

　　在我們的日常生活中，完全看不到弱力與強力造成的現象，所以人類直到不久前才知道它們的存在。

　　弱力與強力只在原子核內作用，和我們的日常生活沒有任何關係。如果沒有使用特殊的實驗裝置，就沒辦法觀察到原子核內的樣子。也就是說，這兩種力是我們沒辦法直接感受到的力。

　　當初在原子核中發現這兩種力時，隨意地把它們稱做弱力與強力，習慣成自然之後，就變成了這兩種力的正式名稱。如果當時還發現了其他的力，說不定就會把它命名成溫和力之類的。

　　本章要介紹的費米常數，是專屬於弱力的物理常數，用來表示它的強度，其數值如下。

$$G_F = 1.43585 \times 10^{-62} \text{ kg m}^5 \text{ s}^{-2}$$

以人類慣用的國際標準單位制來表示時，數值非常小。即使從基本粒子的角度來看，這個值也相當小。所以才會把它稱做弱力。

微中子與弱力

弱力會造成某些物理現象，中子的 β 衰變就是其中之一。若將中子單獨分離出來，或許是因為寂寞，所以沒辦法穩定存在，平均壽命只有15分鐘左右，馬上就會轉變成質子並釋放出電子與微中子。幾乎所有的微小粒子都會在微秒以下的時間內衰變，所以中子在這些粒子中，壽命已經算相當長了。

事實上，中子的平均壽命與費米常數的平方成反比。因此當弱力越弱時，就越不容易發生 β 衰變。

B衰變時飛出的微中子，是一種電中性的極輕粒子。由於實在太輕，目前還無法精準測量出它的質量，但可以確定不是零。另外，微中子不會受到電磁力與強力的影響，只會受到弱力與重力的影響。

目前的宇宙充滿了微中子。宇宙誕生時發生的大霹靂，就讓大量微中子充滿了整個宇宙空間。隨著宇宙的膨脹，微中子的密度也越來越稀薄。但即使如此，目前宇宙中每1立方公分仍有約340個微中子。

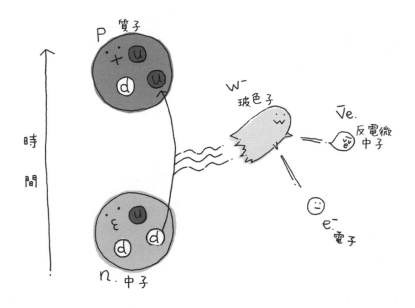

中子經β衰變後轉變成質子的示意圖。中子由2個帶－1/3 e電荷的下夸克 d 與1個帶 +2/3 e 電荷的上夸克 u 組成，是一個電中性的粒子。中子的一個下夸克 d 會釋放出一個 W 玻色子，然後轉變成上夸克 u，W 玻色子會馬上衰變成電子與反電微中子。

　　這表示現在就有一大堆微中子在我們的周圍飛來飛去。不過，我們無法感覺到它們的存在。因為弱力相當弱，所以幾乎不會和物質反應，而是會直接穿過我們的身體。

　　觀測微中子時，需要準備大量物質。舉例來說，位於日本岐阜縣神岡礦山的超級神岡探測器，就是一個儲存了5萬噸水的巨大水槽，也是一個實驗設施，用來探測極難產生反應的微中子。而且相關單位還計畫要在未來建造一個可以容納26萬噸水的超巨型神岡探測器。

弱力與宇宙初期形成的
氫與氦的量有關

　　弱力的大小也存在著微調問題。當弱力太強或太弱時，生命就不會誕生。

　　宇宙在大霹靂之後誕生，產生了許多氫與氦的原子核。此時，氫的總質量與氦的總質量比約為3:1。

　　為什麼此時的宇宙並非都是氫，也非都是氦，而是有這麼一個巧妙的比例呢？這是因為弱力的強度被調整到剛剛好的數值。

　　大霹靂初期的宇宙溫度非常高，物質密度非常大。隨著宇宙的膨脹，溫度與密度逐漸下降，質子與中子等粒子開始組合成氫與氦。

　　氫原子核只需要1個質子就可以了，氦原子核則需要2個質子與2個中子。

　　在形成氦原子核之前的宇宙中，質子與中子會在弱力的作用下來回切換。因為宇宙初期的溫度與密度相當高，所以質子與中子會以相當快的速度來回切換。

　　此時，在溫度夠高的狀態下，質子與中子的數目相等。但因為中子比質子重了一些，依照熱力學定律，當溫度下降時，中子的形成會變得比質子來得困難。

　　中子與質子的質量差所對應的能量溫度[※1]約為150億℃。溫度越低，中子的比例也越低。

　　當宇宙溫度降至100億℃左右時，弱力所引起的質子中子切換反應就不再發生。此時質子與中子的數目大約為

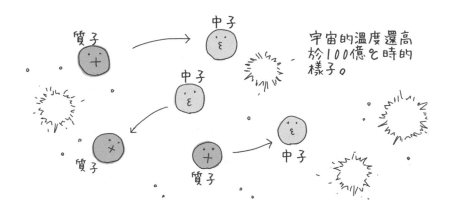

質子 → 中子

中子

質子 ← 中子

質子 → 中子

宇宙的溫度還高
於100億℃時的
樣子。

4：1。

　　這些質子與中子開始形成氫與氦的原子核。來不及形成原子核的中子，會因為β衰變而轉變成質子，故質子與中子的比例會進一步增加到7：1。

　　最後，幾乎所有中子都在氦原子核內，而沒能形成氦原子核的質子則成為氫原子核。所以最後氫與氦的質量比約為3：1。

　　要注意的是，質子與中子因弱力而來回切換的作用，需要100億℃以上的溫度；而質子與中子的質量差所對應的溫度是150億℃，兩者相當接近。

　　這兩個溫度在物理上沒有任何關係，即使落差很大，也不會影響到物理定律的合理性。也就是說，兩個溫度有那麼接近的數值純屬偶然。

　　弱力不再作用的溫度約為100億℃，這個溫度與費米常數有關。理論上，這個溫度會與費米常數的2/3次方成

反比。

　　如果弱力變強，因弱力所產生的質子中子切換作用停下來的溫度就會低於100億℃。也就是說，弱力作用的時間會拉長，直到溫度降得夠低才停止。

　　而且 β 衰變所需要的時間也會變短，所以幾乎所有的中子都會衰變，只剩下質子而已。沒有了中子，之後的核反應就沒辦法合成出氦，這麼一來，早期的宇宙就會只剩下氫了[※2]。

　　相對的，如果弱力變弱，質子中子切換作用停下來的溫度就會提高。也就是說，在溫度還很高的時候，質子中子就不再交互切換。這表示，在質子與中子的數量還差不多的時候，弱力便不再使其交互切換。

　　而且當弱力變弱時，β 衰變需要的時間會拉長。因此，在質子與中子的數目大致相等的時候，就會開始進行核反應，所有質子都能找到中子，形成原子核，使早期的宇宙充滿了氦。

弱力大小對人類來說剛剛好

　　如果弱力變得更弱的話，早期宇宙就會充滿了氦。要是宇宙中只有氦，那麼在這之後，恆星內就無法產生氫。倘若宇宙中沒有氫，就不會出現生命必須的水。

　　此外，這樣的宇宙中，所有的恆星都得用氦做為燃料發光發熱，這會縮短星體的壽命，使其無法像太陽一樣，穩定燃燒幾十億年。

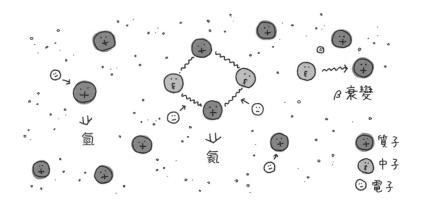

如果弱力比現在強

即使宇宙的溫度低於100億°C，弱力仍會持續作用，使幾乎所有的中子都因為β衰變而轉變成質子。沒有中子的話，就不會形成氦。

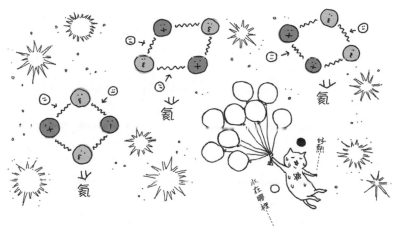

如果弱力比現在弱

在宇宙溫度仍高於100億°C時，弱力就停止作用，此時中子與質子的數目大致相同。因為弱力變得更弱了，β衰變較不易發生，所以幾乎所有質子都會與中子結合，形成含有大量氦的宇宙。

即使在沒有氫的宇宙中能夠形成生命，也會因為環境不穩定而沒有足夠的時間演化。

　　另一方面，要是弱力變得比較強，那麼早期宇宙就會充滿了氫。恆星可以在星體內自行合成出氦，乍看之下似乎沒什麼問題。但此時恆星內製造出來的碳、氧等生命必須元素就不能飛散至宇宙各處。

　　當恆星的質量達到一定程度時，它製造出來的元素會透過「超新星爆發」的現象飛散至宇宙空間。地球就是由這些元素聚集而成，這些元素也是生命的起源。

　　質量大的恆星在內部燃料殆盡後，會因為壓力遞減，無法支撐住自己的外形而崩潰。此時產生的衝擊會引發爆炸，稱做超新星爆發。

　　超新星爆發現象，是由於恆星的核心部分所產生的大量微中子，透過弱力將外層物質吹飛所引起的。此時物質的密度非常大，所以弱力也能充分發揮它的威力。

　　超新星爆發的詳細機制尚未明瞭，不過我們可以知道它並不是輕易就會發生的。簡單來說，要是弱力過強，那麼微中子就會被留在恆星內，不會引起超新星爆發。

　　相反的，要是弱力過弱，微中子就無法吹飛外層物質，所以也不會產生超新星爆發。

　　若沒有超新星爆發，恆星所形成的碳、氧等元素就不會飛散至宇宙空間。

　　構成我們身體的元素中，除了氫與氦之外，碳、氮、氧等元素都是在恆星內合成出來的。若追溯我們體內原子的歷史，會發現這些原子都有經歷過超新星爆發。我們能

夠生存於此，就是因為決定了弱力強度的費米常數大小
剛好。想到這裡，你是不是會對生活中沒什麼存在感的弱
力，有了一些親近感呢？

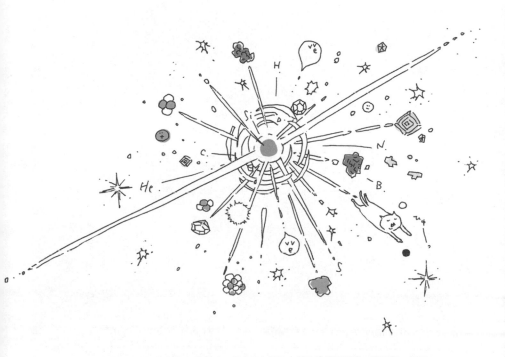

質量大的恆星在壽命結束時，會產生大爆炸，稱做超新星爆發。這時候，恆星
內生成的各種元素會飛散至宇宙各處，成為我們生命的材料。

※1 質子質量與中子質量差乘以光速平方後，再除以波茲曼常數所得到的數值。
※2 B. J. Carr, M. J. Rees, Nature, 278, 605(1978)

Chapter | 08 |

強力的
大小：α_s

何謂強力？

　　「弱力」與「強力」都是和我們的日常生活沒什麼關係的力，名稱也很特別。前一章中我們說明過什麼是弱力，本章則要說明什麼是強力。

　　強力只作用在原子核內，我們無法直接感受到強力的存在。強力這個名字聽起來很強大，事實上，強力也是各種粒子作用力中最強的力。

　　我們周圍的物質都由原子構成，原子由原子核與電子構成。原子核與電子透過靜電力連結在一起。電子是基本粒子，無法再被分割，原子核則是由質子與中子結合而成。

　　當你聽到，原子核內有多個帶正電的質子時，會不會覺得有些奇怪呢？帶正電的粒子會彼此排斥，為什麼可以擠在小小的原子核內而不會四散分開呢？

　　若要使原子核持續存在，就必須有另一種將質子強力連結在一起的力量，對抗質子間的靜電斥力，那就是「強力」。

　　原子核由質子與中子構成，質子或中子皆可再分割成更小的粒子，夸克。

　　質子與中子都是由3個夸克組成，而夸克之間就是靠著強力彼此連結起來。每個夸克都帶有電荷，會因為靜電力而互相吸引或排斥，不過強力的連結力遠比靜電力的影響還要強。

氦原子

氦原子核由2個質子與2個中子構成。質子與中子可透過傳遞「膠子」這種規範玻色子來傳遞強力，藉此連結在一起。

距離越長，強力越強

強力有種奇妙的性質。一般來說，如果粒子之間有力的作用，那麼距離越遠，力的影響自然也就越弱。萬有引力與電磁力皆是如此，弱力也一樣。

不過，作用於夸克之間的強力卻會隨著距離的增加而增強。相對的，距離越短，強力就越弱。

用現實中的事物來比喻的話，強力就像用橡皮筋綁住兩個物體一樣。

因此，我們沒辦法從質子或中子內單獨取出一個夸克。要是強行將夸克分離出來，橡皮筋般的強力就會斷

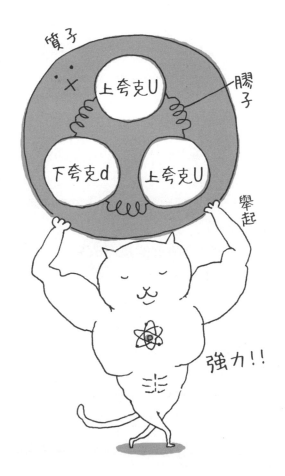

質子

上夸克U

膠子

下夸克d　上夸克U

舉起

強力!!

舉例來說，質子含有
1個下夸克d與2個
上夸克u。夸克間會
透過「膠子」這種規
範玻色子來傳遞強
力，使夸克能夠結
合在一起。

掉，而斷面處會再形成新的夸克與反夸克，與原來的夸克
連結在一起。所以最後我們還是沒辦法單獨取出夸克。

　　在瞭解這一點之前，科學家們付出了很大的努力，希
望能夠單獨分離出夸克。

　　某個科學家聽到牡蠣體內會收集海水中的特殊物質

時，就找來了大量牡蠣，並將牠們打碎，希望能從中發現夸克，但最後仍無法找到單獨存在的夸克，這些努力自然也都是白費工夫。

因為強力擁有「距離越長，力量越強」這種特殊性質，所以在以數值表示強力強度時，需註明是在哪個距離下測到的強度。

依照量子論的原理，測量越短的距離時，就需要越大的能量。因為能量越大的粒子，波長越短。

換句話說，強力的大小會隨著能量而改變。在已知強力的大小如何隨著能量改變的條件下，只要知道特定能量下的強力強度時，就可以得知其他能量下的強力強度數值。

所謂的特定能量，常會選擇傳遞弱力的粒子之一，Z玻色子的靜止能量作為標準[1]。

具有靜止能量的量子論波長稱做康普頓波長。假設Z玻色子的質量為m_z，那麼它的康普頓波長就是$h/m_zc=1.36\times10^{-17}$m，約為質子直徑的百分之一。這個能量可改寫成強力的強度$\alpha_s(m_z)$，其測量值為：

$$\alpha_s(m_z)=0.118$$

這裡省略了詳細說明，不過要特別提出來的是，這個量特地被定義成沒有單位的形式。

在強力的作用下，3個夸克緊密地連結在一起，使質子與中子能維持其外形。此外，強力也可保持質子與中子

間的連結，使原子核維持它的外形。

質子與中子間的作用力稱做核力，而核力其實就是強力。所以說，強力是決定了原子核行為的重要作用力。

對於無法直接感覺到強力的我們來說，可能會覺得很陌生，但事實上，強力確實是相當重要的作用力，是構成這個世界物質的根本。

Triple α 反應的奇妙之處

強力的強度數值，對我們生命來說十分重要。要是這個數值出現了1%的偏差，我們人類或其他生命就不可能誕生於這個宇宙。在各種微調問題中，強力的強度限制可以說相當嚴格。

生物體內的元素中，最多的是氫、碳、氧。碳與氧能在宇宙中誕生，就和強力的強度有很大的關係。

宇宙在大霹靂後誕生，此時宇宙中沒有任何碳與氧元素。最初的宇宙幾乎都由氫與氦元素構成，其他元素即使存在，也極為稀少。

那麼，為什麼現在的宇宙中含有大量的碳與氧，以及其他種類豐富的元素呢？這是因為，宇宙中的氫與氦會聚集成恆星，而恆星內會發生核融合反應。

核融合反應可以改變元素的種類。舉例來說，4個氫原子核可以融合成1個氦原子核，這也是太陽內部正在進行的反應。

恆星內的3個氦原子核可融合成1個碳原子核。氦原

子核又叫做 α 粒子，所以這個核反應也叫做「Triple α 反應」。

Triple α 反應如下方插圖所示。首先，2個氦原子核撞在一起，形成鈹原子核，接著另一個氦原子核再撞上來，形成碳原子核。

反應過程中的鈹原子核並不穩定，若放著不管的話會自行衰變，不過它的壽命還是夠長，可以等得到另一個氦原子核撞上來。「鈹原子核的壽命夠長」一事實屬偶然。

Triple α 反應能夠發生，與碳原子核能量的特殊性質有關。原子核的能量為離散數值，稱做能階。因為核反應

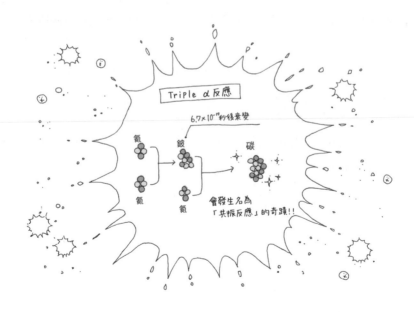

兩個氦4融合成一個鈹8，接著再和一個氦4融合成一個碳12。鈹8與碳12的生成機制，可用第84頁上方的共振反應圖來說明。

需遵守能量守恆定律，所以核反應前後的能量不變。

　　鈹與氦擁有的能量總和為7.3667 MeV[※2]。再加上撞擊時的能量，最後得到的碳原子核能量值，會比這個這個數值還要高一些。

　　如果碳原子核的能階剛好位於這個位置，那麼鈹與氦的核融合反應便容易發生。這種「能量剛好有對應到，使反應機率大幅增加」的現象，稱做「共振反應」。

　　也就是說，如果碳原子核的能階略大於7.3667 MeV，那麼triple α 反應便有很高的效率，世界上會形成許多的碳原子。

　　首先發現這件事的，是一位叫做佛萊德‧霍伊爾的英國物理學家。當初他們還不確定這個能階是否真的存在。因為強力的性質相當特殊，所以要從理論推導出原子核的能階並不是件容易的事。

　　霍伊爾猜想，因為這個世界上確實有碳原子，所以碳原子核的能階應該會落在7.7 MeV前後才對。後來的實驗也證實了霍伊爾的猜想，科學家們在7.6549 MeV處找到了碳原子核的能階[※3]。

　　這個邏輯十分有趣，因為這個宇宙有人類等生命體存在，所以過去一定產生過大量的碳元素。因此，碳原子核必定有個特定的能階。

　　碳原子的能階對強力的強弱十分敏感。強力稍大或稍小的話，能階就會產生巨大的變化，使triple α 反應不再那麼有效率。

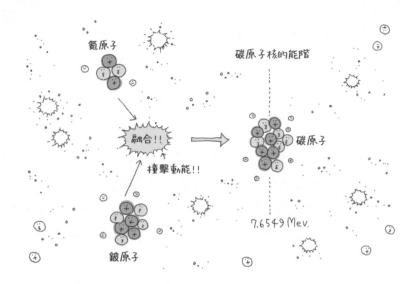

氦原子

碳原子核的能階

融合!!

撞擊動能!!

碳原子

7.6549 Mev

鈹原子

氦4與鈹8的能量總和為 7.3667 MeV，略小於碳原子的能階 7.6549 MeV，所以再加上撞擊時的動能後，可提高生成碳的效率。

要同時生成碳和氧，
仰賴於強力的精密微調

即使triple α 反應後生成了大量碳原子核，如果馬上又有個氦原子核撞過來，就會轉變成氧原子核。要是形成氧原子核的反應也是高效率的共振反應，那麼好不容易形成的碳原子核就會幾乎全部變成氧原子核。

不過，實際上氧原子核的能階是7.1187 MeV，比碳與氦的能階總合7.1616 MeV稍低。要是氧原子核的能階比7.1187略高，那麼再加上撞擊動能後，就會達到碳、

氦原子核的能階；如果比7.1187略低，那麼最後達到碳、氦原子核能階的機會就小很多。

也就是說，要是氧原子核的能階比現在還要高一些的話，就會因為共振反應，使碳原子核幾乎全數轉變成氧原子核。

這個世界中，碳與氧皆為構成生命的重要元素，所以碳與氧的原子核能階需要經過一番精密微調。

如同上述，原子核的能階對強力的強度相當敏感。若強力改變0.4%，這個宇宙就幾乎不會形成碳元素，或者幾乎不會形成氧元素[4、5]。

對生命來說，碳元素與氧元素都相當重要。生物體內的各種功能都需要蛋白質參與，而碳元素正是蛋白質的核心元素。要是沒有氧元素，生命必要的水就不會存在。

為了孕育出宇宙中的生命，強力強度需要微調到剛剛好的數值才行。

※1 由愛因斯坦提出的公式，質量m的物質，靜止能量$E = mc^2$。
※2 MeV為能量單位，以標準單位制表示時為$1.602176634 \times 10^{-13}$焦耳。
※3 F. Hoyle, D. N. F. Dunbar, W. A. Wensel, and W. Whaling, Phys. Rev. 92, 649 (1953).
※4 H. Oberhummer, A. Csótó, H. Schlattl, Science 289, 88 (2000).
※5 原子核的能階對基本電荷大小也相當敏感，即使固定強力的強度，當基本電荷大小改變4%時，也會有同樣的結果。

Chapter | 09 |

電子、質子、中子的質量：
m_{e}、m_{p}、m_{n}

質量與重量

　　幾乎所有人都會在乎自己的體重。筆者小時候特別瘦，所以增重是我的一項重要功課。再怎麼吃都不會胖，聽起來很棒，但當時的我真的沒什麼食慾，吃東西對我來說甚至是一件苦差事。

　　不過，近幾年就不是這麼一回事了。一不注意，體重就會狂飆，減重反而成了重要功課。雖然有些悲哀，不過比起痛苦地進食，這樣或許還好一些。

　　那麼，重量究竟是怎麼一回事呢？東西有重量是理所當然的，平常我們並不會對此抱持疑問，但仔細想想，卻是件不可思議的事。

　　然而，要是東西沒有重量的話也會讓人相當困擾，因為這樣我們就沒辦法在地球上步行了。說得更誇張點，要是重量這個概念不存在的話，那麼我們也不會在這個世界上誕生。

　　重量是地球將物體往下拉的拉力，與物體的質量成正比。質量是物體與生俱來的量。在地球上，重量與質量的意義並沒有人人差異。

　　或者說得精確一點，重量只有在地球上有意義，質量在任何地方都有意義。以下我們會避免使用重量這個詞，而是使用質量。

[什麼是質量？]

質量：小

質量：大

我推

直徑1公尺的
保麗龍球

直徑1公尺的
鐵球

嗚嗚

滾動滾動...

嗚嗚

質量：零

光

yeah!

質量可以想成是「移動該物體的難度」。假設有兩個大小相同的保麗龍球和鐵球，保麗龍球的質量較小，故可想像得到，推保麗龍球比推鐵球輕鬆。順帶一提，質量為零的光子會以光速移動。

如果質量是零

　　從物理學的角度來看，質量可以想成是「移動該物體的難度」。

　　質量越大的東西越難移動，這應該很好想像吧。相撲力士之所以要把自己吃胖，就是因為質量大的東西，需要更大的力去推才能移動。相對的，質量越小，移動時越不費力。

　　極端而言，對質量為零的東西來說，就算沒有受力，該物體仍會以最快的速度移動。

　　這個世界上最快的速度是光速。光會以光速移動，組

成光的粒子，也就是光子，它正是質量為零的粒子。質量為零的粒子停不下來，必須一直以光速移動，就像不持續往前游的話就會死掉的鯊魚或鮪魚一樣。

如果我們的體重是零，就必須一直以光速移動，想必這也會讓你相當困擾吧。

那麼，包括我們的體重在內，物體的質量是如何決定的呢？當然，身體質量取決於體內物質。而物質由原子聚集而成，所以原子的質量可決定物質的質量。

原子由原子核與電子構成，原子核由質子與中子構成，所以電子、質子、中子的質量，決定了我們周圍所有物質的質量，包含我們的身體。

電子的質量

如同上述，我們周圍的物質都由原子構成。原本原子這個名稱指的是「無法繼續分解」的粒子，但原子其實可以繼續分解下去。原子由帶正電的原子核與帶負電的電子組成。

原子核可再分解成質子與中子，電子則無法繼續分解下去，被視為基本粒子。電子的質量如下。

$$m_e = 9.1093835 \times 10^{-31} \text{ kg}$$

符號的下標 e 表示電子，源自電子的英文 electron。

電子的質量是基本物理常數之一，無法以物理定律推導出來，只能透過測量得知。

質子與中子的質量

與原子核質量相比，電子質量非常輕。所以原子可以看成是以原子核為中心，再加上位於周圍的電子所組成。構成原子核的質子與中子質量分別如下。

$$m_\mathrm{p} = 1.67262190 \times 10^{-27} \ \mathrm{kg}$$

$$m_\mathrm{n} = 1.67492747 \times 10^{-27} \ \mathrm{kg}$$

符號的下標p表示質子，源自質子的英文proton；下標n表示中子，源自中子的英文neutron。兩者質量幾乎相同，且為電子質量的1840倍左右。

質子與中子的質量並非基本物理常數。它們是夸克間以強力結合而成的複合粒子，但它們的質量卻不是夸克質量的單純加總。

將夸克連結在一起的強力及電磁力所產生的能量，也會成為質量的一部分。

能量集中時，就會產生質量。這就是愛因斯坦提出的著名關係式 $E = mc^2$ 所描述的現象。

事實上，構成質子或中子的3個夸克質量加總後，僅

為整個質子或中子的1%。而強力的能量才是質子或中子質量的大部分。因此，質子或中子的質量對強力的強度相當敏感。

不過，「強力強度」與「質子、中子的質量」間的關係相當複雜。理論上，我們很難精確推導出兩者之間的關係。

無法精確測量到強力的強度，卻可以得到質子或中子的質量，是因為後者為可以直接測量的觀測量。

電子質量很輕這點，對我們來說很重要

為什麼電子比質子或中子輕那麼多呢？電子質量是基本物理常數，所以它的數值無法由理論推導出來。不過一般認為，如果電子沒有遠輕於質子與中子，我們就不會存在。

由於電子遠比質子與中子輕，所以電子在原子內的分布範圍才會那麼廣。要是電子變重，那麼電子的分布範圍就會縮小。這麼一來，我們周圍的物體就無法保持原本的外形。

因為固態物體需透過電子，將原子核固定在空間中的特定位置。要是電子的質量與質子或中子接近，那麼原子就無法保持這樣的結構。

而且，假如電子的質量與目前的數值有很大的落差，那麼原子的化學性質也會發生變化。若生物中的DNA雙螺旋結構分子的長度與大小出現變化，那麼便很難正確自

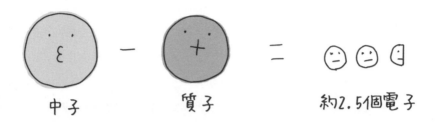

中子　　　　　　質子　　　　　　約2.5個電子

中子與質子的質量差為電子質量的2.5倍。

我複製[1]。

　　另外，質子與中子的質量相當接近，不過中子比質子重了約0.14%。其質量差 $\Delta m = m_n - m_p$ 約為 2.3×10^{-30} kg，是電子質量的約2.5倍。電子質量剛好只比中子與質子的質量差少一些些，這件事從物理定律的角度看來只是個偶然。但如果這個關係性消失，就不會發生 β 衰變。所謂的 β 衰變，是中子自然釋放出電子與微中子，轉變成質子的反應，即中子→質子＋電子＋微中子，是一種有弱力介入的現象。

　　如果電子的質量比目前質量大2.5倍以上的話，世界會變成什麼樣子呢？這樣的世界中，質子與電子的質量加總後會大於中子的質量，從能量守恆定律的觀點看來，β 衰變便不會發生。

相對的，質子可能會產生「吸收電子、放出微中子，並轉變成中子」的反應，即質子＋電子→中子＋微中子。

　　倘若這種反應會自然發生，那麼原子就會相當不穩定。舉例來說，氫原子由質子與電子組成。要是上述反應能自然發生，那麼氫原子就會自然而然地轉變成中子，並釋放出微中子。

　　同樣的，各種原子核都會轉變成中子。這樣的世界中，「由原子核與電子構成的原子」將不會存在，所以我們熟知的各種物質也不會存在。

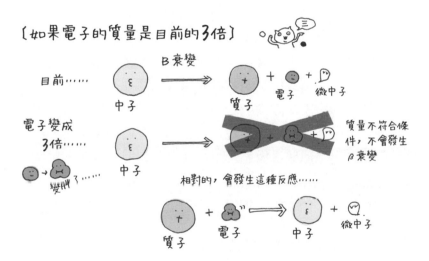

我們曾在第7章中介紹中子釋放出電子與微中子，並轉變成質子的β衰變。但要是電子質量變大的話，這種衰變過程就不符合質能守恆定律，所以中子變成質子的β衰變不會發生。相對的，質子可能會吸收電子，釋放出微中子，並轉變成中子。

宇宙中的星體也只剩下由中子聚集而成、密度相當高的中子星，以及黑洞[※2]。

中子與質子的質量差，對我們來說也是剛剛好

即使中子與質子的質量差 Δm 僅增加成現在的2倍，對生命來說也不是件好事。

氫融合成氦的核融合反應中，需先有2個氫原子核相撞，生成由質子與中子構成的氘原子核，並釋放出正電子與微中子。氘的質量比2個氫的質量加總還要少0.1%，這些質量會轉變成正電子、微中子的能量。

要是中子與質子的質量差變成現在的2倍以上，中子的質量就會比質子多0.3%以上。這麼一來，氘的質量會比2個氫的質量加總還要大，使其沒有多餘能量釋出正電子與微中子。這表示由氫融合成氘的反應將不會發生[※3]。

要是氫沒辦法融合成氘的話，恆星就無法進行核融合反應，太陽這種持續燃燒幾十億年的恆星也不復存在，自然就不會出現地球這種適合生命生存的環境，我們人類也不會出現。

相對的，假如中子與質子的質量差 Δm 變得比現在小的話，會發生什麼事呢？如果這個質量差變得比電子還要小，就相當於電子質量變得比現在更大。

也就是說，質子會吸收電子，轉變成中子，於是全世界所有物質都會轉變成中子。這麼一來，宇宙中的恆星只會剩下中子星與黑洞。

質子與中子間的微小質量差，對這個世界的誕生來說相當重要，甚至可以說是一個奇蹟。是不是在宇宙誕生時，有誰在管理這個質量差呢？

　　質子與中子的質量並非由單一獨立的物理常數決定，而是由強力大小、基本電荷、夸克質量等基本物理常數的組合決定。中子與質子的質量差Δm之所以會有那麼剛好的數值，是因為這些物理量經過了精妙的微調，讓我們再次感受到了「這個宇宙被調整得剛剛好，生命才得以生存」的奇妙事實。

※1　T. Regge in Atti del convegno Mendeleeviano, Acad. Del Sci. de Torino (1971)

※2　J. D. Barrow, F. J. Tipler 'The Anthropic Cosmological Principle. ' Oxford: Oxford University Press (1986)

※3　R. Collins, in N. A. Manson (ed.), God and Design: The Teleological Argument and Modern Science. Routledge. pp.80-178 (2003)

Chapter 10

哈伯常數：
H_0

宇宙膨脹是怎麼一回事呢？

前面我們提到了許多與物理基本定律有關的物理常數，本章起，我們會討論各種和宇宙有關的物理常數。其中最有名的就是哈伯常數。

應該有不少讀者曾在某些地方聽過宇宙正在膨脹一事。宇宙膨脹與一般物質膨脹的概念並不相同，直觀上不大容易理解，畢竟我們的生活經驗中沒有這種膨脹概念。

物質膨脹指的通常是空間中的某個東西，相對於這個空間膨脹了。舉例來說，房間內的氣球膨脹，指的是氣球體積的膨脹，不過容納這個氣球的房間本身卻沒有膨脹。也就是說，物體膨脹時，周圍空間是固定的，所以物體是相對於空間而膨脹的。

然而，宇宙膨脹指的是空間本身的膨脹。眼睛看不到空間，自然很難想像空間的膨脹是怎麼一回事。如果空間各處都有標示位置的記號，那麼在空間膨脹時，這些記號就會彼此遠離，顯示記號與記號間的空間正因為膨脹而增加。

想像我們做葡萄乾麵包時，會將葡萄乾撒在麵團上，然後放入烤箱烘烤。葡萄乾就像空間中的記號，麵團則是空間本身。當麵包因為烘烤而膨脹時，葡萄乾與葡萄乾間的空間也會逐漸拉開。膨脹的是麵包本身，而非葡萄乾。所謂的空間膨脹，就像這個例子中的麵團膨脹一樣。

觀察宇宙膨脹時，宇宙各處的星系就像是空間中的記號一樣。葡萄乾是麵包上的記號，不會因為麵包的膨脹而

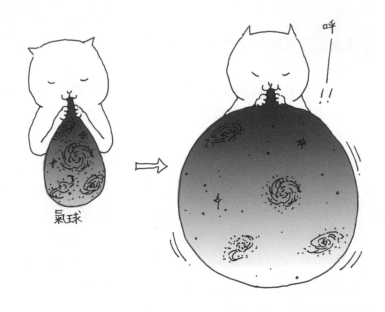

宇宙膨脹就像吹氣球一樣，空間本身會越來越廣。宇宙內的星系或星系團大小不受宇宙膨脹影響，只有星系間的空間越來越大。

跟著膨脹。同樣的，宇宙膨脹時，星系本身也不會膨脹。葡萄乾可能會稍微張開，但仍是不會膨脹的顆粒，即使麵團膨脹，葡萄乾的大小也不會改變。

　　一樣的道理，即使宇宙膨脹，星系本身仍會因為重力而聚集成一團。空間的膨脹不會影響到星系的大小。

　　數百個至數千個星系會聚集成團，稱做「星系團」，是比星系還要大的單位。星系團也會因為自身重力而聚集成一團，不會因為宇宙膨脹而跟著變大。用葡萄乾麵包的例子來說明的話，星系團就像是有好幾顆葡萄乾黏在一起

的樣子，即使麵包因烘烤而膨脹，黏成一團的葡萄乾也不會分散。

宇宙膨脹影響的是星系團之間的距離，尺度遠比星系團或星系還要大。比這個尺度小的距離，並不會隨著宇宙一起膨脹。地球、太陽、銀河系內的天體都一樣。我們的身體也不會膨脹。

宇宙膨脹時，不管是位於哪個位置的星系，都會看到周圍所有星系以自己為中心遠離自己，且離自己越遠的星系，遠離的速度越快。

但這不代表自己位於宇宙中心。因為不管你位於宇宙何處，看起來都是這個樣子。宇宙膨脹並不是以某處為中心往外膨脹。

哈伯一勒梅特定律與哈伯常數

哈伯常數是用以表示宇宙膨脹速度的常數。空間膨脹，就代表自己與遠方星系之間的空間增加。距離越遠，空間增加的速度就越快。平均而言，自己與遠方星系之間的距離 r，以及該星系遠離自己的速度 v，會符合 $v = H_0 r$ 的關係。這就是哈伯一勒梅特定律，其中，H_0 是哈伯常數。哈伯常數的數值如下。

$$H_0 = 67.7\,\mathrm{km}\ \mathrm{s}^{-1}\,\mathrm{Mpc}^{-1}$$

Mpc（mega parsec，百萬秒差距）為距離單位，1

要是宇宙存在造物主的話，祂的肺活量大概已經不像宇宙剛誕生時那麼大了……。（註：目前宇宙膨脹的速度正慢慢地變快。）

Mpc$=3.09 \times 10^{22}$m。平均而言，當物體與你的距離增加1Mpc時，物體遠離的速度就會增加1個哈伯常數。

　　不過，哈伯常數很難測量，上述數值有數％的不確定性。使用各種不同的觀測手法測量時，數值也會有所變動。甚至有報告指出，哈伯常數的數值略大於70。

　　首先注意到宇宙可能在膨脹的，是俄羅斯的物理學家亞歷山大‧弗里德曼。他在1922年時，以愛因斯坦的廣義相對論為基礎，思考整個宇宙的時空結構。最後得到「宇宙空間若不是正在膨脹，就是正在收縮」的結論。

其實愛因斯坦當時也在思考整個宇宙的結構，不過當時的他認為，宇宙不可能膨脹或收縮，所以沒有得出相同結論。

實際確認了宇宙正在膨脹的，是比利時的物理學家喬治‧勒梅特。他是一位基督教的神父，卻也是一位宇宙物理學者。1927年，他透過觀察遠方星系，估算宇宙膨脹的程度，求出了今日被稱做哈伯常數的數值。不過，他在比利時一份沒什麼名氣的學術雜誌中，以法語發表了研究結果，所以當時沒什麼人知道他的研究。

美國的物理學家，愛德溫‧哈伯於1929年發現了哈伯常數。因為比較多人知道這件事，所以哈伯便被當成宇宙膨脹的第一發現者。不過，近年來人們開始重新評價勒梅特的貢獻。

哈伯常數並非恆久不變

哈伯常數在宇宙各處的數值都相同，在這層意義上是一個常數。也就是說，不管是宇宙的哪個位置，膨脹的速度與方向都一樣。這個性質叫做宇宙的各向同性。至今的所有觀測，並沒有找到違反各向同性的明確證據。

哈伯常數在每個位置的數值都相同，所以在空間上是常數，但在時間上並不是常數。宇宙膨脹的速度會隨著時間改變。在這層意義上，哈伯常數和其他在時間與空間上都不會改變的物理常數很不一樣，請特別注意。

哈伯常數的符號H_0的下標0，表示這個數值是目前

的哈伯常數。若要表示過去或未來某個時間點t的哈伯常數，則會寫成函數的形式 $H(t)$。因此，如果用 t_0 代表目前時刻（=138億年），那麼 $H_0 = H(t_0)$。

哈伯常數可表示宇宙的膨脹率

觀察哈伯常數的單位km/s/Mpc可以發現，裡面有2個距離單位。Mpc可以改用km表示，消掉距離單位，此時得到的數值，代表每秒的宇宙膨脹率。所以我們可以把哈伯常數改寫成每秒膨脹率，得到 $H_0 = 2.19 \times 10^{-18}/s$。

這代表一個特定長度在1秒內會膨脹多少比例。舉例來說，就宇宙整體平均而言，1萬km的距離在1年內只會增加0.6公釐。

越往前追溯，宇宙的膨脹率越大。換言之，越早的宇

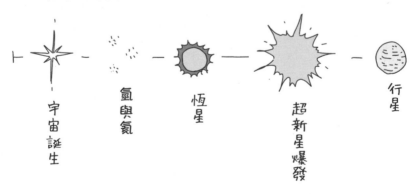

138億年的歷史

宇宙誕生　　氫與氦　　恆星　　超新星爆發　　行星

考慮到恆星誕生、生物誕生並演化成智慧生命體所需要的時間，宇宙誕生138億年後才出現人類可以說是再自然不過的事。

宙，哈伯常數越大。舉例來說，宇宙誕生後100秒時，哈伯常數H（100秒）= 0.02/s。也就是說，此時的宇宙每秒約膨脹2%。若再追溯至宇宙誕生後1秒，那麼哈伯常數H（1秒）= 2/s。此時宇宙每過1秒就會膨脹成2倍。

宇宙年齡與弱人本原理

由目前的哈伯常數計算出來的宇宙膨脹率相當小，意味著宇宙已有一定年齡。

大致上來說，哈伯常數的倒數$1/H_0$大約等於宇宙年齡。實際計算後，會得到目前這個值約為144億年，與正確宇宙年齡約為138億年大致吻合。

目前的哈伯常數可以說明，我們住在一個年齡為138億歲的宇宙中。要是觀測到的哈伯常數比這個數值大，代

扭動
扭動
生命誕生 —— 生命演化 —— 靈長類誕生 —— 現在

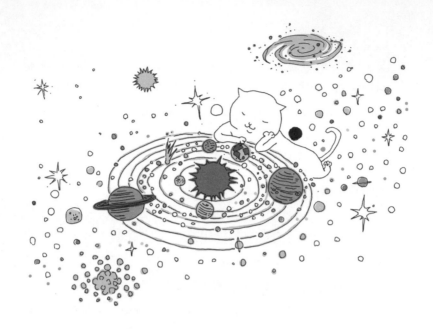

　表宇宙年齡較年輕。要是某個宇宙的哈伯常數是這個數值的10倍，就表示該宇宙的年齡為10億歲。那麼短的時間內，不足以讓生命誕生並演化成人類。

　　美國物理學家羅伯特‧迪克認為，我們生存在年齡100億歲左右的宇宙並非偶然[1]。

　　像我們這樣的生命體要在宇宙中誕生，至少要先形成一些恆星，再經過超新星爆發，使多種元素飛散至宇宙空間中才行。這些元素會再度聚集，形成太陽般的恆星及行星，然後演化出人類等智慧生命體。這段過程至少需要100億年左右。

　　另外，當宇宙年齡超過100億年時，太陽般的恆星都已燃燒殆盡。所以說，我們所在的宇宙，年齡必須是100億年左右。

澳洲的物理學家布蘭登‧卡特將這個理論命名為「弱人本原理」[※2]。為了與認為「人類並非位於宇宙中的特殊位置」的哥白尼原理互別苗頭，他選擇了人本原理這個名稱。

　　人本原理這個名字，就意味著「人類位於宇宙中的特殊位置」。迪克認為，人類只能在特定時間，生存於宇宙中的某些特殊地點。宇宙中必定存在這樣的時空，而人類會出現在這樣的時空下並非偶然。這是弱人本原理的主張。

　　另一方面，卡特也提出「強人本原理」。該原理認為，包括物理常數在內，所有和宇宙整體有關的數值，都必須允許人類存在。這和本書的主題「宇宙的微調問題」也有重要關係。

　　對人類來說，物理常數看似被微調得剛剛好。而我們可以用強人本原理來說明，為什麼這些物理常數會被微調到那麼剛好。

※1　R. H. Dicke, Nature 192, 440 (1961).
※2　B. Carter, "Large number coincidences and the anthropic principle in cosmology", in Confrontation of cosmological theories with observational data; Proceedings of the Symposium , Krakow, Poland, September 10-12, 1973. Dordrecht, D. Reidel Publishing Co., 1974, pp.291-298

Chapter | 11 |

宇宙密度
常數：Ω_0

宇宙中的一般物質與暗物質

　　宇宙中究竟有多少物質呢？宇宙中存在著各式各樣的事物。我們的身體、行星、恆星等，都由原子構成。另外，宇宙空間中也有光、微中子等粒子。這些原子、光與微中子等，可稱做一般物質[※1]。

　　另一方面，宇宙中還存在著大量不屬於一般物質的物質。我們一般把它們叫做暗物質。如果物質在宇宙中平均分布的話，暗物質會是一般物質的6倍。

　　暗物質不會放出光，也不會吸收光，所以我們很難直接觀測到暗物質。那麼，為什麼我們會知道暗物質的存在呢？因為暗物質會受到重力的作用。

　　要是某個地點存在暗物質，那麼暗物質的重力就會將周圍的一般物質吸引過來，並使通過周圍的光線扭曲，故我們可間接觀測到暗物質的存在。

暗物質的強烈重力，可將星系與星系群聚集在一起。

舉例來說，我們所在的銀河系呈圓盤狀，銀河系內的各個恆星都繞著圓盤中心旋轉。要是沒有暗物質的重力，恆星旋轉的速度應該會比目前我們看到的速度還要慢。

　　另外，光線通過暗物質聚集的地方時會扭曲。從地球看向暗物質時，來自暗物質後方星系的光線，會因為暗物質的重力而轉彎，使該星系的影像變得扭曲。

　　至今，我們仍不明白為什麼暗物質不會受到重力以外的力所影響。若非如此，我們應該可以透過實驗發現暗物質才對，但目前仍沒有明確證據能說明暗物質的性質。就這層意義而言，暗物質仍是未知物質，但它們確實存在於宇宙空間中。

若是沒有暗物質的重力，銀河系
內恆星的運動速度會比目前的速
度還要慢。

宇宙密度常數是什麼？

　　如果把恆星、銀河系打散，使物質平均分布在整個宇宙空間中，也把暗物質打散，使其平均分布，那麼宇宙的密度會是1立方公尺內有1.6個氫原子。由此可見宇宙是個空蕩蕩的空間。

　　將包含了一般物質與暗物質的密度，除以名為「臨界密度」的基準值 $3H_0{}^2/8\pi G$，會得到密度常數 Ω_0。這裡的 H_0 就是前一章中提到的哈伯常數，G為重力常數。臨界密度相當於1立方公尺內有5.1個氫原子。故測量出來的密度常數如下。

$$\Omega_0 = 0.311$$

　　密度本身會隨著時間的經過而越來越小，臨界密度亦會隨時間變化，所以密度常數也會隨時間變化。一般來說，我們會把密度常數視為時間 t 的函數 $\Omega(t)$。Ω_0 的下標 0 表示目前時間。假設現在的宇宙年齡為 t_0，那麼 $\Omega_0 = \Omega(t_0)$。

　　物質密度常數 Ω 會隨時間改變，越往回追溯，密度常數越接近1。目前宇宙為138億歲，物質的密度常數約為0.31。當宇宙為50億歲時，密度常數約為0.83。另外，宇宙為1億歲時，密度常數為0.99992；宇宙為1千萬歲

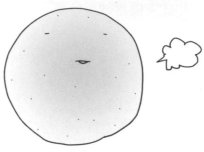

138億歲（現在）的宇宙密度

Ω（138億年）= 0.311

1千萬歲的宇宙密度

Ω（1千萬年）= 0.9999992

時，密度常數為0.9999992。越往回追溯，密度常數越接近1。

宇宙早期的密度常數

之所以有「越往回追溯，密度常數就越接近1」的推論，是因為密度常數會隨著時間的經過而越來越遠離1，回推後得到的結果。換言之，早期的宇宙中，密度常數被微調到極其接近1。

密度常數是由物質的重力能量及宇宙膨脹能量之間的平衡所決定。重力能量越大，密度常數就越大；宇宙膨脹能量越大，密度常數就越小。當兩者達成平衡時，密度常數為1。

要是宇宙早期的密度常數比1大一些些，重力能量就會大於膨脹能量。重力能量會讓宇宙空間收縮，於是宇宙

會從膨脹轉為收縮，最後崩潰。

這種情況下，宇宙在形成恆星與星系之前就會結束壽命，自然也不會有時間與空間讓生命誕生並演化。

相對的，要是宇宙早期的密度常數比1小一些些，重力能量就會小於膨脹能量，使宇宙膨脹過快。

此時，宇宙中的物質在聚集成恆星或星系之前，就會因為宇宙膨脹而四散在宇宙空間中，變得相當稀薄。

這樣就沒辦法形成太陽系，生命自然也不會誕生在這樣的宇宙中。

考慮宇宙誕生1秒後的情況，如果當時的密度常數超出了0.999999999999999到1.000000000000001的範圍，那麼宇宙就會壽命過短，或者膨脹過快。這樣的宇宙沒辦法形成各種星體，自然也不會有生命誕生。這可以說是相當嚴謹的微調。

暴脹理論是救世主嗎？

這個微調問題在理論上有個漂亮的解決方法，那就是暴脹理論。暴脹理論中，宇宙在剛誕生的階段，譬如10^{-34}秒左右，會以遠比現在還快的速度急速膨脹。這個急速膨脹時期就稱做暴脹時期。

這個急速膨脹時期在時間上非常短，但在這段極短的時間內，宇宙的大小膨脹到了原本的10^{43}倍以上。暴脹時期只持續了一段極短時間，之後宇宙便以接近目前情況的速度繼續膨脹。

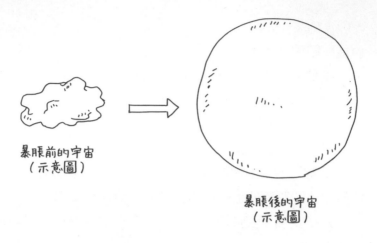

暴脹前的宇宙
（示意圖）

暴脹後的宇宙
（示意圖）

剛誕生的宇宙並不均勻，暴脹後，則變成了像目前宇宙般均勻的樣
子。

　　暴脹時期後，前面提到的密度常數會自動調整到適當
數值。

　　暴脹理論至今仍是假說，不過這很可能可以解決微調
問題，所以是個相當有魅力的理論。

　　經過充分的暴脹之後，密度常數會被精準微調到1左
右。如果只是這樣，那麼現在的密度常數應該也會是1才
對。但因為存在所謂的宇宙常數，所以目前的宇宙密度常
數小於1。我們將在下一章中說明什麼是宇宙常數。

　　暴脹理論不只能說明密度常數的微調問題，也可以說
明「為什麼那麼大的宇宙中，每個位置都那麼『均勻』。
不管從哪個方向看過去，宇宙看起來都差不多」。

　　即使宇宙一開始疏密不均，在暴脹時期的急速膨脹之
下，這種不均勻的情況會迅速稀釋，形成了巨大而均勻的

宇宙。

　　暴脹時期之後，宇宙大致上變得相當均勻，但在局部地區會因為量子效果而產生物質與時間空間的些微扭曲。

　　這些扭曲會造成某些區域的物質密度變得不均勻，之後便會在此形成恆星、星系等星體。

　　目前宇宙中的些微密度不均現象，與暴脹理論並無矛盾。

　　暴脹理論就是這麼一個備受期待的理論。但眼下仍未發現直接證據，可以證明暴脹理論的正確性。

　　雖然目前宇宙的密度扭曲，無法做為暴脹理論的證據，不過暴脹過程確實可以製造出時間空間的扭曲，這種扭曲至今仍以重力波的形式殘留在宇宙中。由暴脹過程產生的重力波，也叫做原始重力波。

如何找到暴脹過程產生的重力波？

　　重力波是時空扭曲所產生的波，在空間中傳遞的現象。重力波非常弱，暴脹過程所產生的原始重力波僅能使空間在比例上產生10^{-24}的扭曲。

　　舉例來說，測量地球與太陽的距離時，這種重力波造成的扭曲僅有氫原子直徑的1000分之1。

　　在愛因斯坦完成一般相對論後不久，就推導出了重力波的存在。不過重力波實在太弱，所以在之後的近100年內，都沒有人能夠直接觀測到重力波。

　　到了2015年，美國的LIGO實驗團隊直接觀測到重力

膨脹能量與重力能量的平衡只要稍有偏差，
這個宇宙就不會存在。

波，這是人類史上首次成功觀測到重力波。他們捕捉到的
是來自遠方宇宙的兩個黑洞，合體後釋放出來的重力波。

　　雖然這個天文現象規模相當龐大，但要在地球上檢測
出重力波仍是件相當困難的事。

　　暴脹過程產生的原始重力波，扭曲空間的程度是這種
重力波的千分之一。目前還沒有人能夠直接偵測到原始重
力波。

　　不過，人類直到最近才能直接觀測到重力波，只要能
夠持續提升觀測的靈敏度，想必原始重力波的觀測也只是
時間問題。

另外，如果存在原始重力波，那麼我們應該也看得到宇宙37萬歲左右時放射出來的光線，宇宙微波的背景輻射也暗示了這件事。

簡單來說，宇宙微波背景輻射中的B模偏振情形，暗示了原始重力波的存在。

為此，科學家們必須更加精密地觀測宇宙微波背景輻射的偏振光。現在學界一般都認為，應該要從宇宙微波背景輻射中找出原始重力波，世界各地也在進行著相關實驗。

如果有天真的觀測到了原始重力波，且觀測結果與暴脹理論相符，或許就可以解決宇宙密度常數的微調問題了。

但是，也有人認為暴脹理論本身也隱藏著微調問題，所以事情可能沒那麼單純。

暴脹理論目前仍不穩固。為什麼暴脹會突然發生，又突然結束呢？科學家們提出了各式各樣的機制，目前在理論方面仍是百家爭鳴的狀態。

假如觀測到可以說明暴脹理論的結果，或許就可以找到解開這個問題的山口，我們對這個宇宙的理解也會前進一大步。

※1　嚴格來說，光與極輕的微中子不能算是物質，而是一種輻射，這裡則把它們都看成是一般物質。

Chapter | 12 |

宇宙常數：Λ

宇宙常數是暗能量的模型之一

在前一章中，我們曾經提到，宇宙中充滿了暗物質這種未知物質。

不過，充滿了宇宙的未知成分不是只有暗物質，還包括了未知的能量成分，這種成分被稱做暗能量。

宇宙中的暗能量比暗物質還多。雖然他們的名稱很像，容易混淆，但暗物質與暗能量是不同的東西。

暗能量是一種未知能量。雖然有名字，但我們並不瞭解它的一切，只是為它冠上一個名字而已。

就像醫生即使知道某些疾病的病名，也不一定曉得這個疾病的病因一樣。

而宇宙常數的出現，就是為了要將暗能量納入標準理論中。

暗能量是均勻存在於宇宙空間中的能量，佔了宇宙整體能量的近7成。

換言之，說暗能量支配了整個宇宙並不為過。提出能夠說明暗能量的理論，可以說是現代物理學的一大課題。

雖然宇宙常數是暗能量很有力的模型，但理論顯示，其絕對值非常小。會有這種數值，只能說是經過精密微調後的結果。

即使宇宙常數就是暗能量，它的起源仍充滿了各種謎團。

暗能量比暗物質還要多，說暗能量支配了整個宇宙也不為過。

現在的宇宙正在加速膨脹

　　我們已知的是，暗物質會分布在星系與星系群附近。不過暗能量的分布，在時間上或空間上幾乎都沒有差異。不管是有星體的地方，還是沒有星體的地方，都有暗能量存在。暗能量會均勻分布在整個宇宙中。

　　目前沒有任何證據指出，這種均勻分布的能量會隨著時間或空間產生變化。那麼，為什麼我們會知道宇宙中存在這種能量呢？因為這些能量會讓宇宙膨脹的速度越來越快。也就是說，暗能量可以加速宇宙膨脹。

　　1980年代左右，已有許多間接的觀測結果說明，宇宙的膨脹可能在加速中。不過直到1998年，才有明確證據可以直接證明宇宙的膨脹正在加速。

目前宇宙膨脹正在加速中。

　　現在的人們談到這件事的時候，常會描述成1998年時人們突然發現了這件事那樣，但事實上，在這之前，科學家們就發現了許多宇宙加速膨脹的間接證據。

　　包括筆者在內的日本研究團隊，也在1990年代早期就認為，宇宙膨脹應該正在加速中，這樣比較能夠說明觀測到的星系分布。總之，宇宙的加速膨脹並非突如其來的發現。

愛因斯坦導入的宇宙常數項

　　宇宙常數，是愛因斯坦將一般相對論應用在描述宇宙時，引入的物理常數。原本愛因斯坦並不是為了描述宇宙的加速膨脹而引入宇宙常數，相反的，他想描述的是一個

不會膨脹也不會收縮的靜態宇宙。

　　愛因斯坦最初提出的時空方程式，雖然可以說明當下的宇宙，方程式卻顯示，這個宇宙並不是靜態宇宙。於是，他便在方程式中加入一個項，稱做宇宙常數項。

　　宇宙常數是宇宙常數項的係數。我們一般會用 Λ（lambda）這個符號來表示宇宙常數。

　　如果宇宙常數是正值，這一項就會讓宇宙膨脹。另一方面，物質的存在會讓宇宙收縮。愛因斯坦最初提出的宇宙模型中認為，這兩股力量會達到平衡，使宇宙保持靜止狀態。

　　不過，現實中的宇宙與愛因斯坦當初料想的不同，並不是個靜態宇宙。由勒梅特與哈伯的發現可以知道，宇宙正在膨脹。因此，愛因斯坦後來捨棄了宇宙常數項。

　　然而，即使愛因斯坦方程式中有宇宙常數項，也不會

有任何矛盾。正因如此，愛因斯坦能夠把這一項引入自己的方程式內。宇宙常數項不存在，就代表宇宙常數因為某些理由必須為0。

理論上可能存在的項，實際上卻不存在，這其中應該有什麼理由吧。發現宇宙膨脹的勒梅特，在愛因斯坦捨去了宇宙常數項之後，仍認為應該要保留這一項，並建議愛因斯坦再仔細想想。

宇宙常數小得不可思議

前面提到，正的宇宙常數會讓宇宙膨脹。因此，如果宇宙常數為正數，就可以說明我們一開始提到的，為什麼宇宙膨脹正在加速了。由觀察結果可以得到，宇宙常數的數值如下[1]。

$$\Lambda = 1.109 \times 10^{-52} \ m^{-2}$$

這個數值不會隨著時間與空間的變化而改變，是一個真正的常數。

宇宙常數可以視為空間中均勻存在的固定能量。這個能量與物質的能量不同，不會隨著宇宙空間的膨脹而變得稀薄。

宇宙常數 Λ 可對應到這種能量的密度 $c^4 \Lambda / 8 \pi G$。而上面列出的宇宙常數數值，對應到的能量密度為每立方公

尺5.34×10^{-11}焦耳，是個相當小的數值。

為什麼宇宙常數會那麼小，至今仍是個謎，甚至可以說是現代物理學中最深奧的謎。這麼小的數值究竟從何而來？即使是最尖端的物理學理論，也找不到任何線索。

宇宙常數的能量可以解釋成真空中含有的能量。現代物理學之所以無法解釋宇宙常數為什麼那麼小，是因為找不到理由可以說明，為什麼真空中會存在那麼小的能量。

量子的真空能量大得不可思議

若改從量子角度來看，量子效應應該會讓真空中充滿能量才對。由量子論的不確定原理可以知道，真空中的能量不可能完全等於零。

不過，如果真的去計算量子的真空能量，會發現它是實際宇宙常數的10^{123}倍，是個非常大的數值，現有理論完全無法說明為何如此。

要是這麼大的量子真空能量真的存在，那麼宇宙在誕生時應該就會急速膨脹吧。就和我們在前一章中介紹的暴脹理論一樣。而且暴脹過程將永遠持續下去，這樣的宇宙中不可能會出現生命。

這表示，即使量子效應會讓真空產生能量，也會因為某些理由使這些能量剛好被抵銷。但如果真的存在這樣的抵銷過程，那麼我們自然而然地會認為，兩者應該會完全互相抵銷才對。

因為沒辦法完美抵銷，所以留下了我們所觀測到的宇

宇宙常數的微調超乎想像地困難。

宙常數，但這實在相當不自然。這就像是，有兩個有123位數的天文數字，相減後得到1一樣。如果沒有經過微調的話，為什麼會有這樣的結果呢？

超乎想像的微調

如同上述，宇宙常數必定經過了超乎想像的微調。這個微調問題被稱做宇宙常數問題。

和前面提到的各種物理常數相比，宇宙常數的微調問題困難許多。密度常數的微調問題可以用暴脹理論說明，目前卻沒有任何物理上的方式可以解決宇宙常數問題。

和其他微調問題一樣，要是宇宙常數比我們觀察到的數值還要大或小的話，宇宙中就不可能有生命誕生[※2]。

要是宇宙常數是個過大的正數，宇宙的膨脹速度就會過快。這麼一來，在物質形成恆星與星系之前就會被過度稀釋，分散在整個宇宙空間中。這樣的世界中不會形成行星或太陽，更沒有生命生存的空間。

如果宇宙常數是負值的話，又會如何呢？與正的宇宙常數相反，負的宇宙常數會讓宇宙收縮。如果宇宙常數為負，那麼宇宙一定會從膨脹轉為收縮，最後崩潰。

宇宙常數負的程度越大，宇宙的壽命就越短，星體來不及形成，自然也不會有演化出生命的時間。

要是宇宙常數的絕對值是目前的幾倍大，宇宙中就不會出現能讓生命生存的環境了。為什麼宇宙常數的數值會在那麼小的範圍內，而且不是零呢？這實在相當不自然。

這麼一想，宇宙似乎是刻意微調成能夠讓人類誕生的樣子。宇宙常數問題就是第10章中提到的，強人本原理的經典例子。就像是有某種存在，為了讓人類在宇宙中誕生，從非常小的範圍中挑選出了宇宙常數一樣。

假如要用多重宇宙論來說明宇宙常數的123位數微調問題，就需要至少10^{123}個以上的多重宇宙才行。如果還要同時解決其他物理常數的微調問題，這個數字又會變得更大。

弦論是萬有理論的候選之一。在弦論研究中，也有用多重宇宙論來說明宇宙常數問題。弦論並沒有具體說明這些宇宙會長什麼樣子，卻提到可能同時存在10^{500}個多重宇宙。

這個數比10^{123}多了將近400個位數，更是一個大到無法想像的數。倘若這是對的，那麼或許就能解決包含宇宙常數在內的所有微調問題。

不過，就像我們在第1章中提到的，微調問題的解決方式不是只有多重宇宙論，或許還存在其他我們還不知道的解決方式。

※1 Planck Collaboration, arXiv:1807.06209 (2018).
※2 S. Weinberg, Phys. Rev. Lett. 59, 2607 (1987); H. Martel, P. R. Shapiro and S. Weinberg, Astrophys. J. 492, 29 (1998).

Chapter 13

暗能量
狀態方程式
常數：w

暗能量是什麼？

前一章中我們提到了宇宙常數。暗能量是宇宙常數一般化後的產物。

宇宙常數顯示，整個宇宙中廣布著稀薄的能量，這種能量相當小，所以我們沒辦法直接觀測到這種能量。我們只能透過觀察宇宙的膨脹，間接觀察到這種能量的存在。

因為我們沒辦法直接看到、接觸到這種能量，所以這種能量被命名為暗能量。

雖然名字裡有個「暗」字，不過這不只代表我們看不到這種能量，更代表這種能量「詳情不明」。宇宙常數是

一宇宙的構成比例一

物質：5%　　暗物質：26%　　暗能量：69%

暗能量的一種，但暗能量也可能不是宇宙常數。

暗能量的存在專門用來說明宇宙的加速膨脹。由愛因斯坦的時空方程式可以知道，如果整個宇宙中存在稀薄而廣布的能量，且單位體積的能量不會隨著宇宙的膨脹而改變，那麼宇宙的膨脹就會持續加速。

因為宇宙的膨脹確實正在加速，所以我們可以反推，宇宙空間中可能存在著均勻又稀薄的能量。

宇宙常數的存在相當不自然

原本的宇宙常數，是愛因斯坦為了讓模型中的宇宙不膨脹也不收縮而引入的常數。既然知道實際上的宇宙正在膨脹，愛因斯坦便認為宇宙常數沒有存在的必要，而將其捨去。

然而，後來的科學家們又重新開始討論宇宙常數是否為零的問題。既然宇宙的膨脹正在加速，那麼宇宙常數應該還是有必要存在才對。

雖說如此，宇宙常數至今仍充滿了謎團。宇宙常數可以視為空間中均勻分布的能量，但這個能量小得很不自然。

我們可以為了說明宇宙的性質，擅自在方程式中加入一個那麼不自然的常數嗎？難道這個宇宙常數的存在沒有更明確的理由嗎？

許多理論科學家試著提出各種機制，說明為什麼宇宙常數那麼小。雖然至今仍沒有找到一個較自然、可以說服

應該在這裡才對……但是……

暗能量意為「真面目不明」的能量。

所有人的機制，但經過許多嘗試後，開始有人提出宇宙常數可能不是常數。

物理學中的「常數」，指的是無論何時何地，都會保持相同大小的數值。愛因斯坦原本引入的宇宙常數就是這樣的數值，不會隨著時間或空間而改變。

然而，若我們試著探究引出宇宙常數的未知機制，就會發現宇宙常數可能並非常數。相反的，如果這種未知機制真的存在，那麼宇宙常數應該會隨著時間與空間而多少產生變化。

不過，要是變化過於劇烈，就沒辦法說明為什麼宇宙

會加速膨脹了。雖說宇宙常數可能會有所變化，但這個變化小到可以把它視為常數。

　　要是宇宙常數存在這種微妙的變化，那麼在精密的觀測下，或許可以發現這種變化，它也會讓充滿了整個宇宙的暗能量之真面目更加清晰。

狀態方程式常數

　　暗能量的狀態方程式常數 w，是描述暗能量的時間變

空間膨脹後，暗能量會隨著體積的增加而等比例增加。

化特徵的常數。具體來說，是暗能量的壓力除以暗能量密度的數值。

　　一般氣體的壓力必為正數，不過，暗能量的壓力卻是負數。

　　或許你很難想像壓力為負值時是什麼樣子，簡單來說，暗能量與一般氣體不同，即使空間膨脹，能量也不會減少。相反的，能量還會隨著體積等比例增加。

　　一般氣體在膨脹時，壓力會對外做功，使能量減少。暗能量則相反，自身的能量會增加。所以我們會說暗能量擁有負的壓力。

　　暗能量的能量密度為正值，而負值除以正值會是負值，因此暗能量狀態方程式常數會是一個負值。

　　如果暗能量就是宇宙常數，那麼這個值會剛好等於–1。但對一般暗能量來說，這個值會稍微大於或小於–1。

是否偏離–1很重要

　　狀態方程式常數是否偏離–1，是一個判定暗能量是否為宇宙常數的簡易指標。而若要估算狀態方程式的數值，只要詳細觀察宇宙膨脹的情況就可以了。狀態方程式常數不同時，宇宙加速膨脹的方式也會有微妙的差異。

　　宇宙膨脹的觀察有幾種方式。我們可以觀察亮度幾乎保持一定的遠方超新星，用它的亮度來計算宇宙膨脹情況；可以利用宇宙初期的「重子聲學振盪」現象觀察宇宙

膨脹情況；可以由宇宙形成各種結構的速度估計宇宙膨脹情況。

　　科學家們透過各種觀測方法，計算出實際的狀態方程式常數。目前我們估計的狀態方程式常數，數值與誤差如下[※1]。

$$w = -1.01 \pm 0.04$$

　　雖然中心數值與–1有些微偏差，但誤差範圍比這點偏差還要大。所以我們沒辦法說狀態方程式常數確實有偏離–1。

　　不過，這並不表示暗能量就是宇宙常數。因為有誤差，我們目前還無法斷定狀態方程式常數是否偏離–1。之後若能提高觀測的精密度，應該就可以減少誤差才對。如果到時候測到的數值超過誤差範圍，就會成為找出暗能量真面目的重要線索。

　　對一般性的理論物理學來說，暗能量問題也是個相當重要的問題，所以現在各個科學團隊也在推行新的觀測計畫，希望能得到更為精準的狀態方程式常數。

要是偏離了–1會發生什麼事？

　　目前的宇宙中，暗能量佔了所有能量的近70%。現在的暗能量總量相當多，但過去的宇宙並非如此。

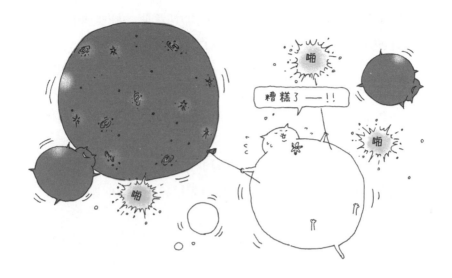

發生大撕裂時，所有東西都會開始膨脹。

　　越古老的宇宙，受到暗能量的影響越小；越遙遠的未來，受到暗能量的影響越大。

　　對於暗能量以外的物質來說，宇宙越小，密度越大，但對暗能量來說卻不是如此。

　　因此，即使暗能量的狀態方程式常數偏離–1，對過去的宇宙來說也不會有很大的影響。即使真的偏離–1，過去的宇宙也會演變成現在的樣子。

　　但是，狀態方程式常數的數值，會大幅影響未來宇宙的樣貌。當狀態方程式常數的值小於–1時，未來的宇宙

會發生很恐怖的事，那就是宇宙的加速膨脹。膨脹速度會一直加快到極限，甚至可能會達到無限大。

如果宇宙膨脹的速度達到無限大，我們現在可以看到的宇宙範圍也會變成無限大，導致時空被撕裂。這個未來可能會發生的宇宙結局，稱做「大撕裂」（時空被撕裂）。

現在的宇宙膨脹對我們來說非常緩慢。遠方星系與我們之間的距離，每過1億年只會增加1%左右，可以說是微乎其微。

另外，銀河系、太陽系、恆星、行星之間都以重力彼此緊密連接在一起，所以它們不會因為宇宙膨脹而跟著膨脹。

我們的身體也一樣，由於電磁力把體內物質緊密結合在一起，我們的身體不會因為宇宙膨脹而跟著膨脹。

不過，也只有在宇宙膨脹效應遠小於其他力的時候，不會影響到我們。當宇宙膨脹的速度達到極限時，效果就會超過其他力量。

若走向大撕裂的命運，所有物體都會開始膨脹。在大撕裂的前一刻，連恆星、行星也會開始膨脹，我們的身體也沒辦法抵抗宇宙膨脹的力量。就這樣，宇宙中的所有物體都會被撕裂，迎來世界末日。

那麼，大撕裂什麼時候會發生呢？當然，不會在今天或明天發生，所以敬請放心。

大撕裂發生的時間，取決於狀態方程式常數比−1小多少。由前面提到的觀測結果可以推論出，至少還要

1400億年以上，才會發生大撕裂。在那之前，太陽早已燃燒殆盡。

另外，如果狀態方程式常數比-1大的話，就不會發生大撕裂，宇宙將永遠存在。

雖然我們活不到那個時候，但我們還是很想知道宇宙的終極命運究竟是什麼樣子。

為了探究這件事，就需要實際確認暗能量的狀態方程式常數和-1相差多少。

※1 S. Alam et al., Mon. Not. Roy. Astron. Soc. 470, 2617 (2017).

Chapter | 14 |

宇宙曲率：K

宇宙是什麼形狀呢？

　　宇宙是什麼形狀呢？是圓形？還是方形？應該不少人都曾經想過這個問題吧。

　　不過，就算告訴你某個答案，應該也很難想像這個答案有什麼意義吧。或者說，就算告訴你宇宙是圓形或方形，你大概也沒那麼容易接受。

　　在我們想像出這種具體的形狀時，馬上就會產生「難道這個形狀的外側不是宇宙的一部分嗎？」之類的疑問。在討論宇宙是什麼形狀之前，我們可能連如何定義宇宙的形狀都不確定。

　　舉例來說，提到日本，日本人應該都能夠在腦中浮現出日本國土的形狀。日本被海包圍，所以國土的輪廓就是海岸線。

宇宙是什麼形狀呢？

不過，如果把海水拿掉，原本日本的形狀就會消失，因為海岸線這個明確的界限消失了。

　　事實上，精確來說，海岸線圈住的部分也不是日本的形狀，因為海岸線往外的一段距離以內是日本的領海。

　　要是沒有海岸線的話，日本的形狀就會消失。雖然領海和經濟海域的形狀也可以說是日本的形狀，但這也只是人為畫出來的界線。

　　真說起來，日本這個概念，也是人類在地球上擅自劃定的範圍。

　　就宇宙而言，宇宙和非宇宙之間並沒有像海岸線這種明確的界線。若要描述宇宙的形狀，就像是要描述拿掉海水時的日本形狀一樣。如果宇宙空間無限往外延伸的話，就很難想像宇宙是一個有邊界的形狀。

　　假如拿掉海水，地球上的所有陸地都會連在一起。此時要描述陸地的形狀時，最多也只能說出地表的高低差。另外，地球表面並非無限延伸。整個地球是一個有限的封閉球面。也就是說，地球的形狀是球形。

　　沒有明確邊界的宇宙就類似這樣。宇宙空間並非完全平坦。

　　一般相對論指出，時空會因為物質的存在而扭曲。就像地表有高低差、凹凸不平一樣，宇宙各處也存在著各種時空扭曲，仔細觀察時，會發現宇宙也呈現出凹凸不平的形狀。

　　以地球為例，與整個地球大小相比，地表高低差可以說是相當微小。

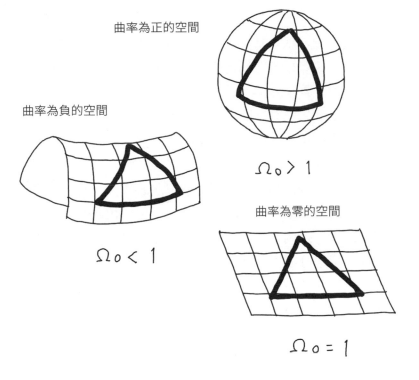

曲率為正的空間

曲率為負的空間

曲率為零的空間

$$\Omega_0 > 1$$

$$\Omega_0 < 1$$

$$\Omega_0 = 1$$

　　地球上最高的地點為聖母峰山頂,標高為8800公尺;地球上最低的地點為馬里亞納海溝,位於海面下10900公尺,兩者的高低差還不到20公里,地球直徑則是1萬3000公里。

　　因此,就算地表有許多小小的起伏,我們也可以無視這些起伏,將地球視為一個光滑的球體。

　　宇宙也一樣。有些地方會因為空間的扭曲而出現微小的起伏,但我們可以無視這些起伏,將宇宙視為平滑的形狀。

　　看似很大的宇宙,說不定也像地球一樣,是個捲成球

狀的封閉有限形狀；當然，也有可能是幾乎平坦而無限延
伸的形狀；或者是第三種可能，一種與球面不同的扭曲方
式，且無限往外延伸。

宇宙空間為三維空間，所以我們不大好想像宇宙要怎
麼扭曲。我們可以試著從三維空間中，盡可能切出一個平
坦的二維空間。

如果原本的三維空間就是一個扭曲的空間，那麼不管
我們怎麼切，切出來的二維空間都一定是個扭曲的空間。
若用圖來表示這個二維空間的扭曲情況，那麼就像前頁的
圖那樣，可以分成3種情形。

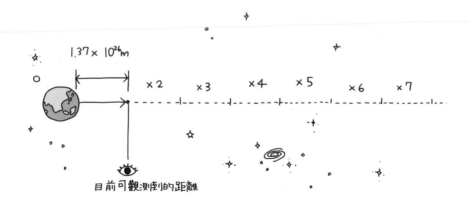

宇宙的曲率

第一種情形是球面。若在球面上以某個點為圓心，畫一個半徑為1的圓，其圓周會小於2π。這種扭曲方式所形成的空間，是一個曲率為正的空間。

第二種情形的空間扭曲情況與球面相反。以某個點為圓心，畫一個半徑為1的圓時，其圓周會大於2π。這種扭曲方式所形成的空間，是一個曲率為負的空間。

第三種情形是完全平坦的平面。在平面上以某個點為圓心，畫一個半徑為1的圓，其圓周會剛好等於2π。這種平坦的空間，是一個曲率為零的空間。

滿足宇宙的均勻性與各向同性等條件的三維空間，扭

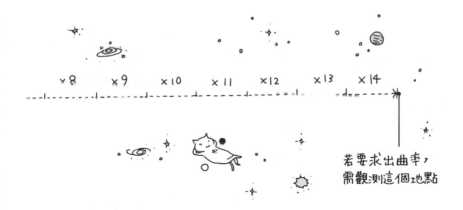

若要求出曲率，需觀測這個地點

曲情況可以分成以上3種。這樣一來，宇宙的形狀就可根據曲率數值來做分類了。

曲率的數值可以分成正、負、零等3種。曲率非零時，絕對值越大，空間扭曲的程度就越大。

我們可以透過觀測，測量出宇宙曲率K。其數值與測量誤差如下[※1]。

$$K = (-0.4 \pm 1.0) \times 10^{-55} \ \mathrm{m}^{-2}$$

誤差範圍包含了0。這表示，在可觀測範圍內的宇宙中，觀察不到空間的曲率。

曲率K的絕對值平方根的倒數，會等於與這個扭曲空間相切的圓的半徑R。寫成式子的話就是 $R = |K|^{-1/2}$ 。這個R稱做曲率半徑。或者可以這麼想：從曲率半徑的位置看起來，空間是彎曲的。依照上面給的曲率數值，可計算出曲率半徑為 $R \geq 2 \times 10^{27} \mathrm{m}$ 。

可觀測宇宙的半徑約為 $c/\mathrm{H}_0 = 1.37 \times 10^{26} \mathrm{m}$ ，而曲率半徑是它的14倍以上。也就是說，在我們可觀測宇宙的範圍內，宇宙空間幾乎沒有扭曲，所以我們很難測量出宇宙整體的曲率。

幸虧宇宙的曲率沒有那麼大

宇宙的曲率，與存在於宇宙中的物質及能量的量有關。由一般相對論的愛因斯坦方程式，可以得到 $K = \Lambda / 3 +$

如果宇宙是個球體，那麼光就可以繞宇宙一圈，
使我們能看到過去的地球。

$H_0^2 (\Omega_0 - 1) / c^2$ 的關係。等號右邊的各種物理常數，在前面
的章節中都有提過，c 是真空中的光速、H_0 是哈伯常數、
Ω_0 是密度常數、Λ 是宇宙常數。

　　也就是說，宇宙曲率由物質量、宇宙常數、膨脹率決
定。曲率數值之所以那麼接近零，代表上述這些量曾被微
調過。是不是有哪個神，把這些常數調整到剛剛好的數值
呢？

　　不過，這個微調問題已可透過暴脹理論解決。宇宙經
過暴脹階段後，會從原本很小的空間範圍大幅擴展開來。

在暴脹過程發生以前，空間各處扭曲得凹凸不平。即使曲率大到某個程度，也會因為宇宙的急速膨脹使曲率大幅縮小。

這和第11章提到「暴脹理論中，宇宙初期的密度常數會因充分暴漲而被微調至接近1」並非毫無關聯。因為在宇宙的初期，相較於物質密度貢獻的曲率，宇宙常數貢獻的曲率幾乎可以無視，所以此時曲率的數值會與$\Omega-1$成正比[※2]。也因此，當Ω接近1時，K就會接近0。

很幸運的是，宇宙的曲率不是過大的正數或過小的負數，而是接近零。因為這樣的話，至少在我們可觀測的範圍內，光會直線前進，我們可以一直看到遠方的事物。

要是曲率是個過大的正數，那麼宇宙會變成一個小小的球體，而不是一個廣大的宇宙。而且，在一個曲率為正的空間中，較遠的物體看起來會被放大（相對於曲率為零的宇宙）。

在一個曲率為零的空間中，假設有個半徑固定的球體，球體體積會與半徑的三次方成正比增加；不過在曲率為正的空間中，球體體積的增加會比半徑的三次方還要少。所以在曲率為正的空間中，離我們越遠的地方，星體數看起來會越少。

另外，曲率夠大時，光會在有限的封閉宇宙內繞圈。如果我們用一個性能夠強的望遠鏡觀察遠方，會看到地球發出的光繞了宇宙一圈後再回到地球。

換言之，我們可以看到過去的地球，就像時光機一樣，可以看到過去的自己。但可惜的是，實際的宇宙曲率

相當接近零，所以做不到這件事。

　　相反的，要是曲率負得太多，那麼較遠的物體看起來會被縮小（相對於曲率為零的宇宙）。在一個曲率為負的空間中，球體體積的增加速度會比半徑的三次方還要快。所以在曲率為負的空間中，離我們越遠的地方，星體數看起來越多。

　　物質密度越小，宇宙曲率就越小，但物質密度不可能小於零。如果希望宇宙曲率負更多的話，宇宙常數就必須是負值。負的宇宙常數會導致宇宙收縮，這麼一來，宇宙總有一天會從膨脹轉為收縮。也就是說，如果宇宙的曲率為極端負值，那麼這個宇宙馬上就會崩潰，沒有足夠的時間讓生命誕生並演化。還好我們是誕生在曲率的絕對值夠小的宇宙中。

※1　Planck Collaboration, arXiv:1807.06209.

※2　精確來說，兩者關係為K = $a^2H^2(\Omega-1)$ / c^2。此處的H、Ω為隨時間改變的哈伯常數與密度常數。a稱做比例因子，c / aH為任意時刻下可觀察到的宇宙半徑估計值。

Chapter | 15 |

宇宙的**重子**光子比：η

重子是什麼？

　　我們看到的世界幾乎都由重子構成，甚至可以說重子就是這個世界的本質，雖然這個詞很少聽到。

　　或許我們很常聽到violin（小提琴）或baritone（男中音），不過這裡我們要談的是baryon（重子）。

　　我們所知的世界由物質構成。而物質皆由原子構成。若將原子進一步分解，可以知道原子由帶正電的原子核與帶負電的電子組成。

　　電子無法繼續分解，屬於基本粒子。不過原子核可以繼續被分解成質子與中子。

　　也就是說，我們所熟悉的世界，幾乎都由電子、質子、中子等3種粒子構成，前面我們也提過在這3種粒子之間作用的力量。

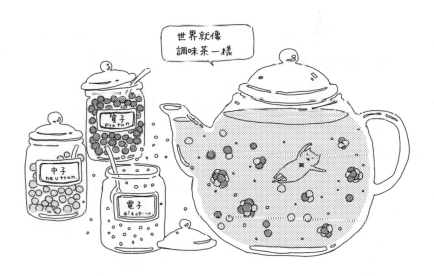

世界就像調味茶一樣

這實在相當驚人。如此複雜又變化萬千的世界，居然僅由3種粒子排列組合而成。

而這個世界之所以有如此多樣的性質，則是因為粒子的數量相當龐大。

雖然每個粒子都相當單純，但聚集了數量龐大的粒子後，就可以形成許多花樣、形成複雜的世界。這就是世界的組成。

電子與質子之間存在靜電力與磁力。靜電力與磁力為一體兩面，合稱為電磁力。

現代物理學認為，傳遞力的是基本粒子。譬如傳遞電磁力的基本粒子就是光子。力與基本粒子看起來像是截然不同的概念，量子論將兩者綁在一起，而這也是現代物理學的特徵。

在量子論的框架下，粒子與波並沒有明顯的區別。或許你曾學過，我們眼睛看到的光是波，不過這些光也可視為光子的集合。

乍看之下似乎有矛盾，但事實上光有波的性質，也有粒子的性質，是擁有兩面性的物質。而這種兩面性，也存在於所有微小的粒子。

其中，質子與中子等粒子皆被稱做「重子」，英文為「baryon」。因為質子與中子的質量為電子的1800倍，所以才會有這樣的名字。

原子的質量幾乎都集中在質子與中子。我們的體重也取決與體內的重子數。

重子與反重子的數量差不會改變

　　一般來說，重子的總量不會改變。也就是說，質子或中子不會突然轉變成其他粒子，譬如電子或光子。相對的電子與光子也不會轉變成質子或中子。因此，從宇宙早期一直到現在，重子的數量應該都沒有改變才對。

　　另一方面，相對於電子、重子等粒子，宇宙中還存在著質量與這些粒子完全相同，但電荷量剛好相反的「反粒子」。

　　電子的反粒子叫做反電子，質子與中子的反粒子分別叫做反質子與反中子。

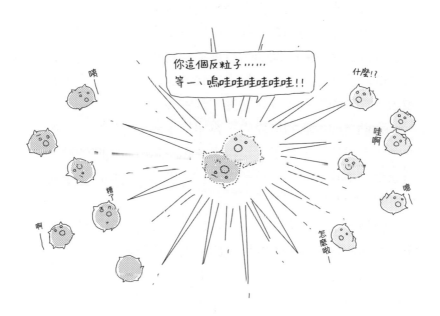

反電子的電荷為+1，是電子的相反數；反質子的電荷為–1，是質子的相反數。中子的電荷為零，故反中子的電荷也是零，不過中子與反中子仍為不同的粒子。

　　然而，反粒子卻不存在於我們平常接觸的物質中。從宇宙墜落的粒子會和大氣反應，暫時形成反粒子，但這些反粒子會馬上消失。

　　因為粒子與反粒子接觸後，會馬上互相消滅，轉變成光。這種現象稱做粒子與反粒子的「成對湮滅」。

　　前面我們曾提到重子的總數不會改變，精確來說，應該是重子與反重子的數量差不會改變。

　　也就是說，我們可以把1個反重子看成–1個重子，考慮到成對湮滅，加總後重子的總數不會改變。從這個角度看來，從宇宙誕生起，重子總數就一直保持不變。

　　那麼，重子的總數該如何決定呢？事實上，這可以說是宇宙論長年以來的問題，有很多種說法，但至今仍沒有確定的結論。由此可知，打造出我們的身體和這個世界的重子，它們的起源本身就充滿了謎團。

　　我們目前生活的世界中，幾乎找不到任何反粒子。但在宇宙形成初期，粒子與反粒子會隨時生成、隨時湮滅，所以宇宙中到處都有反粒子。而且，當時重子和反重子的數目都比現在還要多很多。

　　但是，重子減去反重子的數目一直沒有改變，所以宇宙形成初期時，重子的數目在比例上只比反重子還要多一些些而已。

「重子光子比」說明了重子不對稱性

那麼，重子究竟比反重子多了多少呢？我們可以用以下介紹的物理常數——重子光子比，來描述兩者數目的差異。重子光子比的觀測數值如下[※1]。

$$\eta = 6.13019 \times 10^{-10}$$

這個數值，代表目前宇宙中的重子總數除以光子總數的數值。為什麼這個數值，可以代表宇宙形成初期時的重子與反重子數目差異呢？原因如下。

在宇宙形成初期，溫度非常高。此時光子數、重子數、反重子數幾乎相等。然而，隨著宇宙逐漸降溫，幾乎所有反重子都與重子成對湮滅，只殘留了一些原本數量較多的重子。

另一方面，光子沒有反粒子，所以不會有成對湮滅的現象。宇宙中的光子數並非恆定不變，但在宇宙的歷史中，光子的數目並沒有太大的變化。

因此，目前宇宙中的光子數，和宇宙早期的重子數、反重子數也不會有太大的差異。所以，計算出目前宇宙中的重子光子數比，就能以此估算宇宙形成初期時，重子在比例上比反重子多了多少。

由觀測數值可以知道，宇宙形成初期時的重子總數，在比例上比反重子多了 10^{-9} 左右。

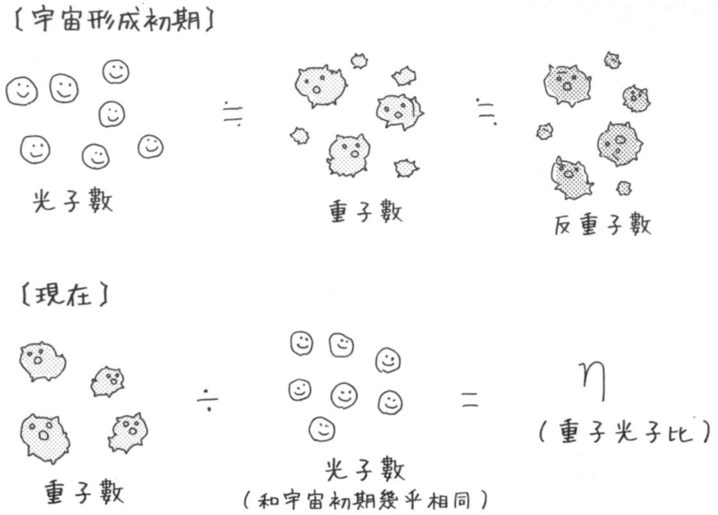

〔宇宙形成初期〕

光子數 ÷ 重子數 ≒ 反重子數

〔現在〕

重子數 ÷ 光子數
（和宇宙初期幾乎相同）
＝ η
（重子光子比）

重子不對稱性之謎

　　重子與反重子除了電荷相反之外，其他性質應該會完全相同才對。

　　在宇宙形成之初，如果其中一種粒子比另一種粒子多了一些，就表示兩者性質存在某些差異。要是粒子與反粒子完全對稱，那麼當這兩種粒子在宇宙中誕生時，數目應該會完全相同才對。

　　事實上，粒子與反粒子的性質並非完全對稱。我們可以用標準理論來說明基本粒子的性質，由這個理論可以知道，作用在粒子與反粒子上的力存在某種非對稱性。這似

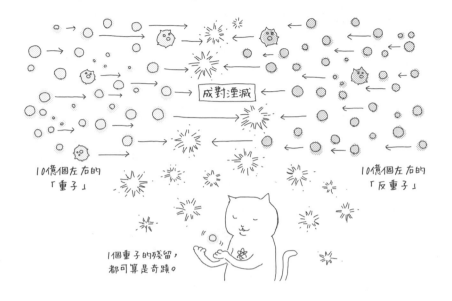

10億個左右的
「重子」

10億個左右的
「反重子」

成對湮滅

1個重子的殘留，
都可算是奇蹟。

乎可以說明，為什麼粒子與反粒子的數目不會完全相同。

　　然而，若我們進行定量觀察，卻又沒辦法推導出基本粒子標準理論框架下的重子光子比。

　　因此，宇宙中的重子起源便一直是個謎。既然無法用基本粒子標準理論來說明，就只能用某種超越了標準理論的理論來說明了。

　　如果基本粒子的能量在一定範圍內，那麼目前的標準理論框架可以正確描述它的行為，不過當粒子的能量相當大時，就需要其他理論了。

　　事實上，目前也確實有好幾個候選理論，可以在標準理論的框架之外，說明重子的形成。

但這些候選理論都沒有實驗根據，也不曉得這些理論是否真的能夠正確描述自然界。所以重子起源至今仍是個謎。

如果重子光子比與目前數值不同的話

前面提到，重子與反重子的不對稱程度，相當於重子光子比，也就是10^{-9}。這表示，每10億個重子與反重子，會多出1個重子。兩者的數量差異就是那麼微小。

直覺看來，一般應該會很自然地認為這個數值是0或1才對，而不是一個那麼小的數值。

不過，要是重子光子比與目前數值差了1～2位數的話，宇宙中的重子量就會產生很大的變化，形成與今日完全不同的宇宙[※2]。

要是宇宙中的重子光子比，比目前數值還要小2位數，那麼宇宙中的重子數目會過少，無法形成星體。

因為星體是由星系中的重子聚集而成。重子量過少的話，就無法聚集起充分的重子數，也無法形成對人類來說很重要的太陽等星體。

相反的，重子光子比過大的話也不好。要是重子光子比，比目前數值還要大1位數，宇宙中也不會形成星系般的結構。

星系由物質聚集而成，然而，當重子光子比是目前數值的10倍時，大約在宇宙37萬歲時，原本應該要聚集在一起的重子會被光拉走，分散開來，使星系難以聚集到足

夠的物質。

　　重子越多時，這種效應越嚴重。而當重子過多時，就沒辦法形成現在我們看到的星系。沒有星系，就沒有恆星，自然也不會有人類誕生。

　　重子光子比的精密度需調整到小數點以下9位數，才能打造出允許人類存在的宇宙。

※1 Planck Collaboration, arXiv:1807.06209

※2 Tegmark, Aguirre, Rees and Wilczek, Phys. Rev. D73: 023505 (2006)

Chapter │ 16 │

早期的波動
大小：A_S

宇宙結構如何形成？

宇宙相當複雜。我們所在的世界中，每天都會發生各式各樣的事件。有些事件依循一定的規律而發生，有些事件則是在偶然之下發生。

如果能預測整個世界中的所有事件，會是相當方便的事，但實際上無法預測的事實在太多。而且，如果生活在可以完全預測的單純世界，那就一點都不有趣了。在這樣的世界中，很難想像會演化出我們這種擁有高等智慧的生命體。適當的複雜性，對我們的生存來說是必要條件。

我們生存的社會就很複雜了，但宇宙的複雜程度又是另一個層次。畢竟人類社會也是宇宙的一部分，宇宙再怎麼樣也不可能比人類社會更單純。

我們常會覺得地球上發生的事就是世界的全部，但那也只是因為我們的視野僅及於地球。宇宙中常會出現不可能發生在地球上的極端狀況，這些狀況的複雜度遠超過我們的想像。

如此複雜的宇宙是如何形成的呢？雖說宇宙相當複雜，但這裡說的是現在的宇宙。相反的，在很久很久以前，恆星剛誕生的宇宙，或者大霹靂不久後的宇宙，都沒有那麼複雜，是個相當單純的世界。

此時宇宙的主成分為氫、氦，以及暗物質，這些物質不會形成什麼特殊結構，所以廣大的宇宙呈現出一片均勻的樣子。

也就是說，宇宙是從單純的樣子演化成複雜的樣子。

如果宇宙一直很單純，就會變成一個非常無聊的宇宙，當然也不會有生命誕生。

假如最初的宇宙沒有任何結構，為完全均勻的狀態，那麼之後宇宙就會一直處於這種均勻狀態。宇宙中不會形成恆星，而是飄散著稀薄的原子與暗物質；也不會形成各種元素，是個沒有魅力的宇宙。

若要形成現有宇宙的結構，那麼最初的宇宙就必須有些微的非均勻性才行。也就是說，空間中的物質密度必須有些微的波動。

這種宇宙形成初期，空間中理應存在的密度波動，稱

有物質聚集的地方，才會形成恆星、行星、星系，以及星系群。

做「早期波動」。密度的波動會隨著時間而逐漸增加。即使一開始的波動很小，經過一段時間後，也會成長成很大的波動。

　　這是重力作用下的現象。重力可將物質聚集在一起，所以原本物質量就比周圍多的地方，會吸引更多物質聚集；相反的，原本物質量比周圍少的地方，物質就會往周圍散開。

　　於是，原本物質較多的地方，物質會越來越多；原本物質較少的地方，則會越來越少。就這樣，物質密度的波動會隨著時間而逐漸增加。

　　物質聚集的地方會形成恆星、行星，接著形成星系、星系群。多個星系群會再聚集形成超星系群的結構。

早期波動的大小

　　宇宙早期的波動程度，會大幅影響到現在的宇宙結構。而我們可由空間中的重力波動，估算出宇宙早期的波動程度。因為物質的聚集是重力作用所造成的現象。

　　由一般相對論可以知道，重力會造成空間扭曲。空間出現扭曲時，便會讓空間的曲率產生波動。而曲率的波動，會與重力強度的波動成正比，可看成是時空扭曲下的空間變化量。

　　宇宙早期的曲率波動程度為一個物理常數，可以寫成 A_S。最新的觀測值如下[※1]。

$$A_S = 2.11 \times 10^{-9}$$

正確來說，這個常數為重力波動的5/3倍再平方，故在宇宙初形成時，重力波動值為$(3/5)\sqrt{A_S} = 2.8 \times 10^{-5}$。

也就是說，宇宙初期的重力只有0.003%的波動。這樣的波動非常非常地小。用海浪來比喻的話，就像是深1公里的海面上，有3公分高的漣漪一樣。所以說，宇宙剛形成時，是一個幾乎完全均勻的時空。

不過，一開始相當不起眼的小小波動，卻是形成目前的宇宙結構及我們的身體時，不可或缺的條件。而且，如

早期宇宙中，幾乎完全均勻的時空

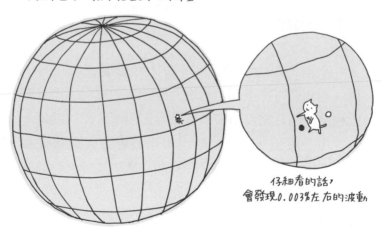

仔細看的話，
會發現0.003%左右的波動

果這個波動程度太大或太小，人類就不會出現。

如果早期波動程度與現在不同的話

　　如果宇宙早期的波動程度與目前數值不同的話，宇宙會變成什麼樣子呢？如果常數A_S的數值比10^{-9}還要小的話，即使能夠形成恆星或星系，規模也會很小。

　　恆星是由原子聚集而成的物質，不過一般來說，宇宙中的物質會不規則地亂動，很難將其聚集在小範圍區域。事實上，暗物質就沒辦法聚集形成恆星規模的大小。

　　然而原子與暗物質不同，會與光產生交互作用。因此原子的動能會轉換成光放射出去，減少不規則亂動的情況，進而聚集成堆。動能減少就意味著冷卻。換言之，原子在冷卻後就會漸漸聚集在一起。

　　不過，若希望原子充分冷卻，就必須聚集一定數目，才有足夠的冷卻效率。要是宇宙早期的波動太小，就沒辦法聚集起一定數目的原子。倘若早期波動非常小，A_S只有10^{-11}左右的話，原子便無法冷卻到足以形成恆星[※2]。

　　然而，即使早期波動很小，星系中還是有可能在偶然之下形成相當大的恆星。只是在這種恆星發生超新星爆發、使碳與氧飛散至宇宙空間時，就會因為星系過小而留不住這些元素，使它們飛散到星系之外。這麼一來，便無法形成地球這種富含各種元素的環境，自然也不會有生命誕生。

　　如果宇宙早期的波動更小的話，就無法形成像樣的結

構，而是一直保持均勻的狀態直到現在。現在的宇宙正在加速膨脹。當宇宙膨脹開始加速時，密度的波動就越來越難以成長。在膨脹開始加速的現在，假如密度波動仍然很小，就會因為膨脹的加速，使密度的波動更難成長。於是宇宙便一直處於均勻的狀態。

相反的，要是早期波動比實際數值來得大，常數A_S大於10^{-7}的話，宇宙會形成過大的星系，星系中的恆星群會聚集得更為緊密。

實際的宇宙中，恆星與恆星的距離相當遠，所以太陽系幾乎不會受到其他星系的影響，可以說是一個幾乎孤立的系統。所以地球才能穩定繞著太陽轉幾十億年。

要是銀河系內的恆星聚集得更為密集，其他恆星會頻

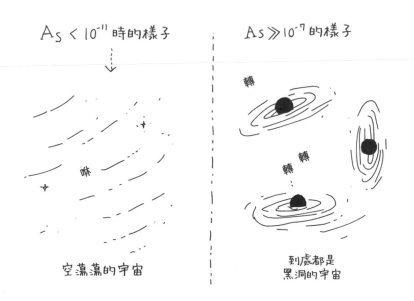

$A_S < 10^{-11}$ 時的樣子 $A_S \gg 10^{-7}$ 的樣子

咻

轉 轉轉

空蕩蕩的宇宙   到處都是黑洞的宇宙

繁地接近太陽，打亂行星軌道。如此一來，行星就很難穩定繞著恆星轉，也不會演化出生命。

另外，要是宇宙早期波動過大，物質會過度集中，卻不會形成恆星與星系，而是直接形成黑洞。黑洞吸入原子時，這些原子氣體的溫度會變得非常高，並釋放出X射線與gamma射線，成為一個相當瘋狂的宇宙，自然也不會有生命誕生的空間。

暴脹理論與宇宙的早期波動

前面我們也提過很多次，暴脹理論是能夠說明為什麼現在的宇宙曲率那麼小的候選理論。在暴脹時期，宇宙從很小的區域急速膨脹增大。由暴脹理論可以自然導出，宇宙在急速膨脹後成為物質幾乎均勻分布的空間。

不過，要是暴脹時期讓宇宙曲率完全歸零的話，宇宙就不會產生任何曲率上的波動。若是宇宙的早期波動完全消失，就會變成完全均勻的宇宙，使生命無法誕生。那麼，有沒有可能在暴脹理論的框架下，仍會產生早期波動呢？

這個問題的關鍵在量子論上。如同我們在介紹普朗克常數的章節中提到的一樣，在量子論的框架下，物體的位置與速度無法同時確定，也就是所謂的不確定原理。

不確定原理是個一般性原理，不只位置與速度，所有物理量都適用不確定原理。

即使物質誕生時，宇宙各處的物質密度皆完全相同，

物質分布相當均勻，也會因為不確定原理而變得不均勻。也就是說，早期宇宙的密度必定會發生波動。

假設宇宙的早期波動來自這樣的量子效應，經計算後會發現，這樣的早期波動剛好可以讓我們這個宇宙形成適合我們生存的結構。

不過，就算是考慮到量子效應的暴脹理論，也沒有辦法推導出早期波動的大小，無法真正說明常數A_s為什麼是這個數值，還是得用到其他物理常數來說明A_s。

也就是說，就算是暴脹理論，在說明宇宙早期波動的大小時，仍需用到「透過觀測得到的常數」。這個物理常數也和其他常數一樣，不知為何被微調成適合生命生存的數值了。

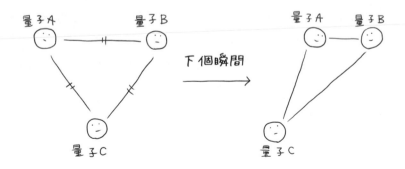

因為量子的不確定原理，量子的位置與速度無法同時
確定，所以一定會產生密度的波動。

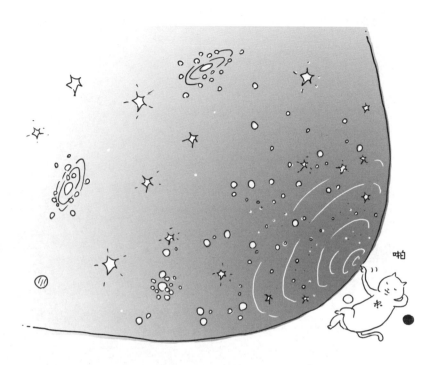

初期的波動大小，就像是按照某個人的意圖般，被微調成適當的數值。

※1 Planck Collaboration, arXiv:1807.06209；這個數值有1.5%的誤差。另外，一般而言，曲率波動程度不大會因為長度的尺度大小而改變，不過多少會因為波長而有些變化。這裡提供的數值是波長為126 Mpc = 3.09×10^18 m時觀測到的數值。
※2 M. Tegmark and Martin Rees, Astrophys. J. 499, 526 (1998)

Chapter | **17** |

基本粒子的
世代數：3

基本粒子有幾種？

我們生存的世界中，有著各式各樣的物質，所以我們才能誕生在這個世界。

人生有悲歡離合，有快樂也有痛苦。但無論如何，都是先有了世界，才有我們經歷過了一切。

看到這裡的你，是否也覺得這個世界的協調性十分驚人，簡直可以說是奇蹟呢？

如此多采多姿的世界，由幾種基本粒子構成。基本粒子有幾種？直到距今40～50年前的1970年代，確立了基本粒子的標準理論後，科學家們才有了答案。在此之前，人們並不曉得這個世界上究竟有幾種基本粒子。

物質由原子構成

回顧歷史，其實「世界由粒子構成」的概念直到近代才被人們接受。

古希臘時期，留基伯與他的弟子德謨克利特提出，所有物質都是由名為「原子」的基本粒子構成。

不過，與其說他們的說法是科學，其實還比較像是哲學。會有這種想法，只是因為他們認為物質不能無限分割。

總之，大多數人並沒有接受這種概念。對後世有重大影響的亞里斯多德並不認同原子論，他認為物質為連續性的東西，可以無限分割下去。

世界是由土、水、火、空氣、以及乙太等5種元素構成的喔。

亞里斯多德
（古希臘時代）

　　這種想法被稱做「四元素說」，該理論認為，所有物質都是由土、水、空氣、火等4種元素組成。而第5元素「乙太」則構成了天上的所有星體與行星。

　　物質內真的有原子這種最小單位嗎？還是，假設原子不存在，物質真的可以無限分割下去嗎？這類問題在很長的一段時間內一直沒有解答。

　　對現代的我們來說，原子的存在已是常識，但原子實在太小，要找到原子存在的證據是件很困難的事。事實上，一直到20世紀初，都還有人懷疑原子是否存在。

真正讓人們確信原子存在的，是愛因斯坦在奇蹟的1905年時所發表的，以原子論說明布朗運動的理論。1908年時，佩蘭以實驗證實了這個理論。

原子由什麼構成？

確認原子的存在之後，接下來的發展就變得相當迅速。

1911年時，拉塞福由實驗結果證明了原子核的存在，並提出電子繞著原子核公轉的原子模型。

1913年，波耳利用當時已被提出的量子假說，以物理理論說明為什麼原子能夠穩定存在，這個理論與量子力學的建構有著密切關聯。

1918年，拉塞福透過實驗，發現氫原子核中的質子。1930年，查兌克在實驗中發現了中子。

就這樣，人們瞭解到原子核由質子與中子構成。所以，原子並非不可分割的基本粒子，而是由電子、質子、中子所組成。

當時有人猜想，這3種粒子應該就是無法繼續分解的基本粒子了吧。但這樣的想法並沒有持續很久。

在1950到1960年代期間，科學家陸續發現了很多種不是質子也不是中子的「基本粒子」。這些「基本粒子」的種類實在太多，以至於人們開始難以想像它們會是基本粒子。

之後登場的則是夸克模型。由這個模型可以知道，質

宇宙中有各式各樣的物質，所以才能形成地球，生命也才會誕生。

子、中子，以及後來新發現的各種新粒子，都是由種類有限的夸克構成。質子與中子是由上夸克或下夸克，共3個夸克所組成。夸克模型可以完美說明實驗結果，似乎沒有任何疑點。但夸克本身無法從質子或中子單獨分離出來，所以我們無法直接測量夸克的性質。

另一方面，科學家們一直找不到「電子可被分解」的證據，所以電子基本上被視為基本粒子。

此外，中子經過 β 衰變後會轉變成質子，並在衰變過程中產生新的基本粒子，叫做微中子。微中子很難被檢測

到，有幽靈粒子之稱，直到1956年才在實驗中被發現。

基本粒子的分類有一定規律

由此可知，不能繼續被分解的基本粒子有夸克、電子、微中子等3種。上夸克與下夸克在我們的周遭隨處可見，不過夸克還有其他種類。

前面提到科學家們發現了許多不是質子也不是中子的「微小粒子」，就是上夸克、下夸克，再加上奇夸克等其他種類的夸克組合而成的複合粒子。

另一方面，電子或微中子也有其他與之類似的粒子。與電子類似的緲子在1936年被發現。緲子比電子重，但其他性質皆與電子相同。

而微中子方面，有科學家猜想，世界上應存在與最初發現的微中子不同種類的緲微中子，後來在1962年時透過實驗發現了緲微中子。於是最初發現的微中子便改稱為電微中子。

在這些基本粒子之間作用的力包括強力、弱力、電磁力、重力等。這些力的交互作用，不只會影響基本粒子的運動，也會改變基本粒子的種類。

檢視各種交互作用後，可將上夸克、下夸克、電子、電微中子等4種基本粒子分成一組。

另外，奇夸克、緲子、緲微中子的性質分別可對應到下夸克、電子、電微中子。所以可以推論出，應該還有某種未發現的夸克，擁有與上夸克類似的性質，這種夸克被

世　代

電荷 自旋	第1世代	第2世代	第3世代
夸克	$+\frac{2}{3}$, $\frac{1}{2}$	u 上夸克	c 魅夸克	t 頂夸克
	$-\frac{1}{3}$, $\frac{1}{2}$	d 下夸克	s 奇夸克	b 底夸克
輕子	-1, $\frac{1}{2}$	e 電子	μ 緲子	τ 陶子
	0, $\frac{1}{2}$	ν_e 電微中子	ν_μ 緲微中子	ν_τ 陶微中子

如果夸克只有兩個世代，複雜程度就不足以打破CP對稱。如此一來，這個宇宙會嚴格遵守CP對稱，與現實中的情況不符。不過當世代數為3時，複雜程度就足以打破CP對稱。

命名為魅夸克。

　　而較早發現的一組基本粒子被歸為「第1世代」，較晚發現者被歸為「第2世代」。

基本粒子有3個世代

　　1973年時，小林誠與益川敏英為了說明一個打破了

CP對稱性的實驗結果，提出第3世代基本粒子群存在的可能性。

在那個人們只透過實驗發現3種夸克的時代，他們預言理論上應該存在6種夸克，這就是「小林‧益川理論」。

在他們提出理論時，僅被視為一種可能性，但驚人的是，後續的實驗一一證明了這個預言的正確性。第3世代的夸克被命名為頂夸克與底夸克，而與電子及電微中子對應的粒子，則分別被命名為陶子與陶微中子。

在2000年以前，這些粒子都陸續被科學家們發現。小林、益川兩位科學家也因為預言第3世代基本粒子存在的貢獻，獲得了2008年的諾貝爾獎。

順帶一提，我曾在名古屋大學基本粒子宇宙起源研究機構工作，而益川先生曾是那裡的機構主任。另外，我目前在高能加速器研究機構（KEK）工作，而小林先生曾是KEK的基本粒子原子核研究所所長與理事，現在則是特聘名譽教授。KEK會用巨大加速器進行基本粒子實驗，在驗證小林‧益川理論的過程中有很大的貢獻。

至此，我們已知基本粒子有3個世代。那麼，第4世代的基本粒子存在嗎？或者，有第5或第6世代的粒子嗎？事實上，考慮到理論的整合性後，可排除這些可能。

而且從實驗上來看，很難想像還會存在其他特別重的微中子，所以微中子的種類應該就只有3種沒錯。也就是說，這個宇宙中的基本粒子世代數，就是3這個特別的數值。

為什麼世代數是3？

粒子的世代數為：

3

這對我們世界的存在來說有什麼意義呢？目前的我們仍沒有答案。如果世代數少於3，那麼根據小林‧益川理論，粒子與反粒子在電荷與空間上會遵守CP對稱關係。

目前的宇宙幾乎由（正）粒子組成，幾乎看不到任何反粒子，這是我們存在於宇宙中的重要條件。要是這個世界嚴格遵守CP對稱的話，粒子與反粒子的數目便會完全相同。

粒子與反粒子對撞後會產生光並湮滅，要是粒子與反粒子數目完全相同，那麼在宇宙初期，所有物質都會自行湮滅。

因此，既然我們存在於這個宇宙中，就表示CP對稱必須被打破。

然而，光是小林‧益川理論的CP不對稱，仍不足以建構出我們生活的實際世界。不過，在某些超越了基本粒子標準理論的理論中，如果CP不對稱，就可以說明這個世界的樣貌。

我們熟悉的世界也可以僅由第1世代的基本粒子構成，假如我們可以用其他理論來說明CP不對稱的話，基

本粒子似乎就不一定得是3個世代。事實上，基本粒子為什麼有3個世代一事，至今仍充滿了謎團。或許只是偶然，也或許其中隱藏著某種我們還不曉得的複雜理由。

　　自然界中的基本粒子為什麼可以分成3組，而且只有3組？理解這點，或許是瞭解這個世界為何存在的關鍵。

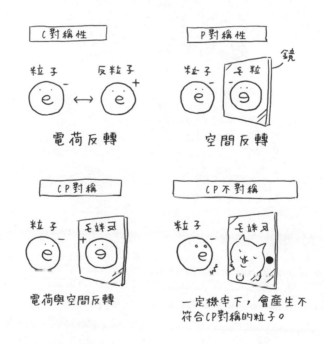

若真空中有很大的能量，就會生成粒子與反粒子，接著粒子與反粒子會互撞湮滅。宇宙剛誕生時，這種成對生成與成對湮滅持續發生。幾乎所有粒子與反粒子在生成時都會遵守對稱性，但在極少數情況下，會產生不符合對稱性的粒子，使粒子與反粒子產生微妙的差異。這就是為什麼目前的宇宙中只留下了正物質。

Chapter | 18 |

空間與時間的
維度：3 與 1

維度是什麼？

在我們的日常生活中，並不會特別去注意空間、時間的維度，而是把它們當成理所當然的存在。維度在日語中稱做「次元」。

動畫魯邦三世中有個角色叫做次元大介，這是筆者第一次聽到「次元」這個詞。所以現在聽到維度這個詞時，都會聯想到這位戴帽蓄鬍的射擊好手。而不出意料的，Monkey Punch老師創作這部作品時，就是因為很喜歡數學中「次元」這個詞，才為角色取了這樣的名字。

這裡要說的維度，當然不是人的名字。當我們要表示一個位置時，需要用到幾個數值，維度就是多少。舉例來說，在一條直線延伸的數線上，任何一個位置都可以用一個數值來表示。因此，數線為一維空間。不過一維空間不一定是直線。請想像一條彎來彎去的棉線，線上任何一個位置也都可以用一個數字來表示，只要把它想像成是一條彎來彎去的數線就可以了。

同樣的，我們曾在學校學過如何用x軸與y軸來表示平面空間上的點。這就代表，只要指定兩個數，就可以表示一個特定位置。因此，平面上的空間為二維空間。

二維空間也並非一定得是平面，曲面上的點也可以用兩個數來表示。譬如地球地表上的任何一個點，都可以用經度與緯度兩個數來表示。雖然地表凹凸不平，但也是個二維空間。

空間的維度總共有3。舉例來說，若要表示地球上的

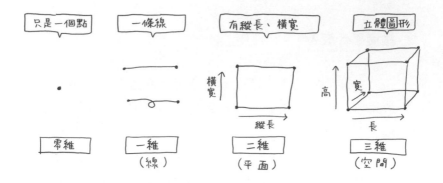

特定位置，則除了經度緯度之外，還需指定高度，總共需要3個數。另外，時間也是一個維度。我們可以用某個時間點為基準，以一個數來表示一件事發生在基準時間之後的幾秒。

雖然聽起來有些廢話，總之空間與時間的維度分別是：

$$3 \text{ 與 } 1$$

難道不能有二維空間、四維空間，或者是二維時間嗎？

如果空間不是三維的話

首先考慮空間的維度。如果空間的維度極小，譬如0的話，那麼在表示位置時，就不需要任何數字，因為只有

一個位置。零維空間中，一個點就是全世界，顯然零維空間中不可能有人類誕生。因為點沒有任何結構，連動都沒有辦法動。

接下來是一維空間。一維空間是線，如同我們一開始說的，可以把它想成一條數線，只要一個數字就可以表示數線上的位置。這樣的空間中，應該也沒有地方讓人類生活吧。粒子或許可以存在於一維空間中，但也只有粒子可以存在而已。粒子可以在一維空間中左右移動，以某種作

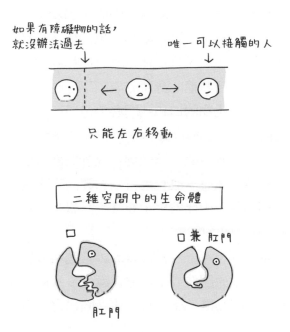

一維空間中的生命體

如果有障礙物的話，
就沒辦法過去 ↓

唯一可以接觸的人 ↓

只能左右移動

二維空間中的生命體

口

口兼肛門

肛門

用力影響彼此。但這樣的世界實在太過單純，不可能出現能夠自我複製的生命體。如果這樣的世界中真的存在某種像人類一樣可以思考的生命體，那麼他只能在一個方向上移動，只能接觸到與他相鄰的人。如果粒子沒辦法穿過其他粒子，那麼這個粒子就會永遠被關在這個空間內，可以說是個相當孤獨的世界。

再來是二維空間，也就是面的世界。平面上的東西多少有些自由運動的空間。但同樣的，對生命來說，平面的世界仍然過於單純。人腦的神經迴路很難畫在平面上，因為平面上的神經迴路不能交叉，交叉的話就會造成短路。這麼一來，腦就沒辦法處理複雜的資訊。

另外，平面上也沒辦法形成血管這種有直徑的管狀結構。平面可以畫出兩條曲線，圍成一個看似管狀的結構。但這種管狀結構無法固定粗細，也沒辦法交叉。如果二維空間中真的有生物，且這種生物有口和肛門，那麼口和肛門的連線，就會將他的身體分成兩半。為了避免身體被分成兩半，這種生物的口和肛門必須是同一個開口，聽起來很髒對吧。

如果是三維空間，神經迴路或管路就可以彼此交叉，處理較複雜的訊息，血管也可以在體內來去縱橫，延伸到身體每個角落。由此看來，要讓生命誕生，那麼在空間上至少必須有3個維度。

四維空間也可以容納複雜的神經迴路或管路。不過，此時會有其他原因造成生物難以誕生。那就是原子無法穩定存在[1]。因為電子能在原子核周圍穩定存在，所以才會

有原子。但在四維以上的空間中，這種穩定性無法成立。若無法形成穩定的原子，那麼由原子構成的我們自然也無法存在。

　　另外，當空間為四維以上時，地球就無法穩定在太陽周圍公轉。若空間不是三維，那麼萬有引力的強度就不會與距離的平方成反比。在四維空間或五維空間中，萬有引力分別會與距離的三次方或四次方成反比[※2]。

　　假如萬有引力定律出現這樣的改變，那麼即使地球的公轉是個完美的圓形軌道，也會相當不穩定。來自其他行星的微小重力，會讓軌道出現偏差，使地球落入太陽，或者被拋到遠方。這麼一來，地球上的生命自然也無法演化。

撒啦撒啦

要是有個口袋可以通到四維空間，那麼放入口袋內的東西都會碎成粉末。

由以上說明可以知道，三維空間是最適合我們人類生存的空間。或許宇宙的某處存在著不同維度的空間，但那樣的世界中想必不會有生命誕生。

如果時間的維度不是1

我們很難想像時間維度不是1時，會是什麼樣的世界。對我們來說，時間一直以來都是從過去流向未來，這根本理所當然。時間會朝著某個方向頭也不回地流逝，這就是所謂的命運。

如果時間有兩個維度，那麼在指定時間的時候就必須用到兩個數。一維時間下，只要說在3點時見面就好；換到二維時間的話，就得改成「在第1時間軸的3點和第2時間軸的5點的交叉點見面」，顯然變得麻煩許多。

一維時間中，當兩物體移動到空間中的相同位置時便會相遇。但如果時間是二維，就得在時間方向上移動才有辦法相遇。換言之，除了在空間方向上移動，還得在時間方向上移動才行。

一維時間的世界中，時間會自然而然地固定往一個方向流動。但在二維時間的世界中，時間不會朝著固定方向流動。倘若這樣的世界中有人類存在，那麼他們的思考方式應該會和我們截然不同吧。對於只能在一維時間中思考的我們來說，很難想像他們會如何思考事物。

雖然難以想像，但假如在數學形式上將時間推廣到二維以上，構成物質的基本粒子會變得相當不穩定。質子會

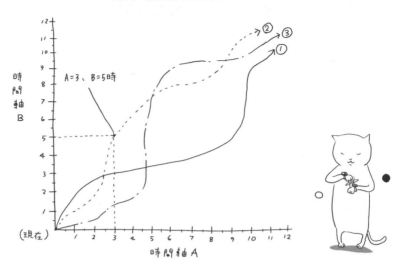

（如果時間有兩個維度）

如果時間有兩個維度，那麼指定時間就會變得相當麻煩。舉例來說，如果和別人約時間，就要說「於時間軸A為3點、時間軸B為5點時，在○○地點集合」。當時間沿著②前進時，就可以順利碰面，但時間也可能沿著①或③的路徑前進，所以我們很難預測未來會變成什麼樣子。

衰變成中子、正電子、微中子；電子會衰變成中子、反質子、微中子[3]。

　　另外，當時間是二維以上時，我們就無法以目前的狀態來預測未來[4]。人類會用目前擁有的知識，預測未來會發生什麼事，若做不到這點，就無法演化出具有智慧的生命體。

空間與時間的維度數是被挑選出來的嗎？

　　如同上述，如果空間維度與時間維度不是3與1的話，就不會有人類這種智慧生命體誕生。不過，就算空間與時間的維度不是3與1，也不會使自然界中的定律產生矛盾。那麼，為什麼維度的數目會是現在這個適合人類生存的數值呢？

　　弦論被譽為世界的究極理論。弦論的研究者認為，宇宙並非由零維的點粒子構成，而是由在空間中伸展的弦及其衍生物構成。考慮到數學的整合性，他們推論空間原本應該有9個維度。

　　如果這是真的，就表示除了我們可實際感受到的3個維度之外，還有6個維度被藏了起來。弦論認為，多出來的6個維度被捲了起來。舉例來說，二維的面可以往一個方向捲起來，形成一維的筒狀結構。

　　我們並不曉得這6個維度的空間是如何捲起來的。捲起這些空間維度的方法有很多種，但用不同方法捲起空間時，會讓剩下的三維空間有不同的性質。而我們生存的宇宙，就是六維空間以其中一種方式捲起之後得到的產物。

　　既然還有6個維度的空間，只是被捲了起來，那就表示剩下的並非一定得是3個維度。理論上，應該也能夠形成四維空間或五維空間才對。另外，雖然與弦論比較無關，不過一維的時間也可能是更高維度的時空捲起來後得到的結果。倘若空間與時間的維度可以任意選擇，那麼「人類誕生於維度為3與1的世界」這件事，應該就不

是單純的偶然了吧。事實上，就像其他微調問題一樣，「為什麼這個世界從各種可能性中，挑選了3與1這兩個數字？」，這當中似乎隱藏著某些我們還不清楚的原理。

如果原本的空間有9個維度，那麼除了我們知道的3個維度之外，其他6個維度可能都被捲了起來

弦論（超弦論）認為，空間原本有9個維度。多出來的6個維度被捲了起來，所以人類感受不到它們的存在。

※1　J. D. Barrow and F. J. Tipler "The Anthropic Cosmological Principle", Oxford University Press (1986). 不過，如果強行修改物理定律的話，原子仍可穩定存在於四維空間［F. Burgbacher, C. Lammerzahl and A. Macias, J. Math. Phys. 40, 625 (1999)］。
※2　一般來說，在N維空間中，萬有引力會與距離的N - 1次方成反比。
※3　J. Dorling, Am J. Phys. 38, 539 (1969); F. J. Yndurain, Physics Letters B 256,15 (1991)
※4　M. Tegmark, Class. Quantum Grav. 14, L69 (1997)

Chapter | 19 |

愛丁頓數：
10^{80}

愛丁頓數是什麼？

從1開始，你可以數到多大的數字呢？小孩子會一直數到自己知道的最大的數為止。不過，當他們學到萬、億等數字單位時，就會發現怎麼數都數不完，認真數的人反而像個笨蛋一樣。

與其一個一個數，不如學著掌握大略的數字，譬如這一區有10個，那一區約有100個，這樣在算數目時會比較有效率。

不過，如果我們真的一個一個數宇宙中有多少「東西」，那總有一天會數到盡頭。

如果把宇宙中所有物質分解成最小的單位，再計算宇宙中有多少個最小單位，便會得到宇宙中最大的數，這個數叫做愛丁頓數，是個十分巨大的數，就像這樣：

$$10^{80}$$

這個數的名稱源自亞瑟‧愛丁頓，是一位著名的天文物理學家。他是最早理解愛因斯坦一般相對論的學者之一，並透過實際觀測證實了愛因斯坦的相對論。

愛丁頓於1938年時，嘗試估計當時被認為是基本粒子的質子有多少個，得到「整個宇宙中有15 747 724 136 275 002 577 605 653 961 181 555 468 044 717 914 527

10⁸⁰個

分解後的粒子　　宇宙中的物質

宇宙中的質子數稱做「愛丁頓數」，約為 10^{80} 個。

116 709 366 231 425 076 185 631 031 296 個質子」的
結論，這個數字大約等於1.6×10^{79}。

宇宙中也有相同數目的電子。除此之外，宇宙中還存
在著當時未知的基本粒子，所以這個數字應該是宇宙中基
本粒子數的底線。這裡我們就把愛丁頓數粗略地寫成10^{80}
吧。

以現代宇宙論估計愛丁頓數時，也會得到差不多的
數字。事實上，最新的觀測結果顯示，宇宙中的質子與
中子密度約為4.2×10^{-28} kg/m^3，可觀測的宇宙半徑約為
4.4×10^{26}公尺。將這個密度乘上這個體積後，便可得到

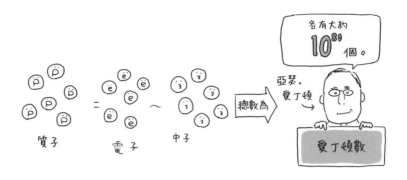

質子、電子、中子的數目大約相等。

可觀測宇宙中的質子與中子總質量。質子與中子的質量幾乎相等。將所得數值除以質子的質量後，會得到9.0×10^{79}的數字，大致等於10^{80}。

為什麼如此巨大的數會在宇宙中出現呢？這並沒有物理上的原因。宇宙大小和質子質量之間並沒有必然關係。愛丁頓數也只是宇宙的常數之一，是一個偶然下的產物。從人們對愛丁頓數解釋的演變，可以瞭解到科學史曲折離奇的演進過程，接下來就為大家介紹[1、2、3]。

有特殊意義的巨大數字

愛丁頓認為，愛丁頓數並非偶然下的產物，這個巨大的數應該和某些物理量有關才對。在愛丁頓的時代，人們對弱力和強力的理解並不深，科學家們認為自然界的力應該只有電磁力與重力。與重力相比，電磁力的強度高了

一個層次。若去掉零頭，電磁力的強度大約是重力的10^{40}倍。

電磁力與重力的強度比，在物理學上也沒有什麼特殊理由。從物理定律看來，這個比例不管是多少都可以，故也是一種物理常數。

不過，這個數會那麼大顯然不太自然。愛丁頓注意到，這個數值大約是愛丁頓數的平方根，並認為這可能和未知的統一理論有某種關係。雖說如此，愛丁頓無法說明那是什麼樣的理論。

狄拉克的大數假說

繼愛丁頓之後，第一個挑戰這個問題的物理學家是保羅・狄拉克。他是一位著名的理論物理學家，在量子力學與多個領域中有許多貢獻。

狄拉克在1937年提出「大數假說」。除了愛丁頓數的平方根、電磁力與重力強度的比之外，狄拉克還注意到宇宙大小與電子大小的比也是10^{40}左右。目前的物理學中，仍沒有適當的理論可以解釋為什麼這3個數值都是10^{40}。也就是說，三者只是剛好一致。而且從很久以前，愛丁頓與其他科學家就已經知道這點。

狄拉克提出的大數假說中提到，在某種原因下，這3個大數恆相等。這裡的「恆相等」相當重要。因為這3個大數中，有個大數會隨著宇宙的年齡改變，那就是宇宙的大小。

這裡說的宇宙大小，指的是可觀測的宇宙。可觀測的宇宙大小會隨著時間而逐漸增加。因為我們觀察到的宇宙範圍會隨著時間而越來越廣。如果這3個大數恆相等，不會隨著時間改變的話，就表示$e^2G^{-1}m_p^{-1}$這個數會隨著時間的流逝而等比例增加。這裡的e是基本電荷、G是重力常數、m_p是質子質量。

狄拉克認為，應該是重力常數G會與時間的流逝成反比，逐漸變小。也就是說，$G \propto t^{-1}$恆成立。如此一來，3個大數就會恆等於10^{40}。

原本不應隨著時間改變的常數，其實會隨時間改變，若真是如此就麻煩了。不管是牛頓的重力理論，還是愛因斯坦的一般相對論，都將重力常數視為不隨時間改變的常數。如果重力常數與時間的流逝成反比，會越來越小的話，就表示以前的重力相當大。

大數假說的破綻

然而，狄拉克的大數假說馬上就被找到了破綻。如果這個假說是對的，那麼以前的重力常數會比現在大很多。重力常數較大，就代表太陽光更強，地球的公轉軌道也比現在靠近太陽。

這代表過去的地球環境比現在還要熱許多，在這麼熱的環境下，海水會被蒸發，不會有生命生存的空間。這和「生命誕生於原始地球的海洋」的事實矛盾。

而且，如果以前的重力很強，那麼太陽內部的核融合

速度就會過快，使其很快便燃燒殆盡，這也和「太陽燃燒至今」的事實矛盾。

這些矛盾否定了「重力常數會越來越小」的推論，卻沒有否定大數假說。大數假說僅指出 $e^2G^{-1}m_p^{-1}$ 這樣的物理常數組合會與時間成反比，如果重力常數不會改變的話，那也可能是基本電荷 e 或質子質量 m_p 改變。

大霹靂理論的先驅，著名的理論物理學家喬治・伽莫夫認為，如果大數假說成立的話，應該是基本電荷的平方 e^2 與時間成正比。如此一來，雖然以前的太陽還是比現在亮，但差別比較沒那麼大，所以不會讓地球的海洋沸騰，生命還是會在海洋中誕生。

但如果伽莫夫的說法是對的，那麼太陽還是不可能會燃燒到現在。瞭解到這點後，伽莫夫也放棄了基本電荷會隨時間改變的想法。

常數真的是常數嗎？

以上討論似乎沒有得到什麼有用的結論，不過至少科學家們開始意識到，物理領域中的基本常數，說不定會隨著時間改變。而這件事可以透過實驗或觀測來進行科學驗證。

觀測宇宙時，離我們越遠的宇宙，就是越古老的宇宙，所以我們可以觀察到不同時間的宇宙情況。

科學家們研究遠方的類星體時，發現在這100億年內，宇宙中的基本電荷變動量不到0.001%[※4]。而在地

面上用更嚴格的裝置實驗後發現，基本電荷在1年內的變動量不到10^{-17} [※5]，這相當於100億年內的變動量不到0.0000001%。

　　科學家們也用各種實驗研究，質子質量與電子質量的比是否會隨時間變動，卻也發現這個比值在100億年內的變動程度不到0.00001%[※6]。另外，透過遠方超新星、宇宙背景輻射、宇宙大規模結構的觀測，科學家們也確認到重力常數在100億年內，變動程度不到0.1%[※7]。

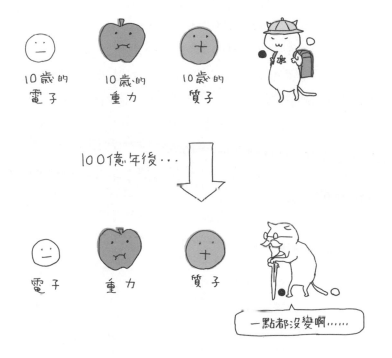

迪克的說法

....

　　所以現在的我們可以確信，狄拉克的大數假說並不成立。雖說如此，理應毫無關係的大數，卻有著幾乎相同的大小，這件事確實相當不尋常。

　　於是在1961年，羅伯特‧迪克提出了新的說法。他認為這個巧合有生物學上的理由。如同各位所知，生命的演化過程中，碳、氧、氮、磷為不可或缺的元素。宇宙誕生時，這些元素並不存在。這些元素必須在恆星內形成。

　　為此，需要一定的時間讓恆星形成並演化，接著還需要時間讓生命演化，這至少需要100億年。

　　不過當宇宙年齡超過100億年太多時，恆星便不再發光，生命體的活動也會變得相當困難。

　　迪克的大數假說中，物理常數之所以會隨著時間改變，是因為宇宙的大小正在改變。不過，依照迪克的說法，可觀測宇宙的人類，大約是在宇宙年齡100億年左右時誕生，且不會超出這個數字太多。

　　這表示我們觀察到的宇宙大小，必定不會和現在這個大小差太多。大數的巧合並不是偶然，而是人類誕生這個條件下的必然。

演化時需要的元素，須在恆星內合成。

※1 J. D. Barrow, F. J. Tipler 'The Anthropic Cosmological Principle.' Oxford: Oxford University Press (1986).

※2 約翰·巴羅《宇宙常數》松浦俊輔譯，青土社，2005年。

※3 S. Ray, U. Mukhopadhyay, P. P. Ghosh, "Large Number Hypothesis: A Review", arXiv:0705.1836[gr-qc]

※4 S. Truppe, R. J. Hendricks, S. K. Tokunaga, H. J. Lewandowski, M. G. Kozlov, C. Henkel, E. A. Hinds and M. R. Tarbutt, Nature Communications 4: 2600 (2013).

※5 T. Rosenband, et al., "Frequency Ratio of Al+ and Hg+ Single-Ion Optical Clocks; Metrology at the 17th Decimal Place". Science. 319 (5871): 1808-12 (2008).

※6 J. Bagdonaite, P. Jansen, C. Henkel, H. L. Bethlem, K. M. Menten, W. Ubachs, "A Stringent Limit on a Drifting Proton-to-Electron Mass Ratio from Alcohol in the Early Universe". Science . 339 (6115): 46-48 (2012).

※7 J. Mould, S. A. Uddin, "Constraining a Possible Variation of G with Type Ia Supernovae". Publications of the Astronomical Society of Australia. 31· e015 (2014).

Chapter 20

微調問題
有什麼
意義呢？

微調問題與多重宇宙論

本書中一直提到，支配宇宙的物理定律與宇宙性質中，有許多無法透過理論決定的物理常數。這些常數不知為何，都被微調成剛好適合人類生存的數值。

為什麼會形成如此剛剛好的宇宙？這就是所謂的微調問題。這個問題和宇宙的存在意義有著密切關係。為什麼宇宙中一定要有人類出現呢？

若想認真解決微調問題，就會用到一種有些奇怪，但也相當直覺的想法，那就是多重宇宙論。多重宇宙論認為，我們所在的宇宙並非獨一無二，除了我們所在的宇宙之外還存在無數個宇宙，這些宇宙的物理常數為隨機數值。

如果多重宇宙論正確，真的有充分且多樣的無數個宇宙，那麼應該有極小的機率會出現剛好適合人類生存的宇宙才對。既然有無數個宇宙，那就一定有某個特別的宇宙能符合這個條件。

多重宇宙論也有好幾個版本，依照美國物理學家馬克斯・泰格馬克的分類，多重宇宙論可分為等級 I 到等級 IV[※1]。

因為可觀測的宇宙範圍有限，所以產生了等級 I 多重宇宙。在我們的可觀測範圍以外，可能存在其他宇宙，這些宇宙位於其他觀測者的可觀測範圍內，可能和我們的宇宙相連，卻無法被我們觀測到。不過，這層意義下的多重宇宙，物理常數和我們所在的宇宙應該相同，所以並沒有

解決微調問題。

　　宇宙中不同區域可能會有不同的暴脹過程，這會產生等級 II 多重宇宙。所謂的暴脹，指的是宇宙形成初期時，假想中的急速膨脹階段。經歷過不同暴脹過程的宇宙，可能會有不同的物理常數。

　　等級 III 的多重宇宙，則是量子力學世界觀下的產物。微觀世界下的不確定關係，使物理量不會固定在某個數值。有人把它解釋成，各種可能存在的現實會同時存在。人類觀測時，只會觀測到其中一種事實，整個宇宙卻會持續分歧成多種不同的世界。這叫做量子力學的多世界解釋。由這個解釋可以推論，宇宙在它的發展歷史中會持續分裂成無數個物理常數各不相同的宇宙。

　　等級 IV 的多重宇宙指的是可用數學表示的所有宇宙，可以說是究極的多重宇宙論。目前這種說法不去討論這些宇宙如何形成。只要有一點可能，這種宇宙就存在，可說是包容力很大的解釋方式。

　　如果多重宇宙論正確的話，就能解決微調問題了。人類只會在能讓人類生存的環境中誕生，聽起來理所當然。但作為代價，必須同時考慮到無數個人類無法生存的宇宙才行。這表示人類的誕生，需建立在龐大的代價上。

　　多重宇宙論在解決微調問題時，確實有一定的說服力。但驗證上十分困難。既然我們無法觀察到其他宇宙，那真的可以說明這些宇宙存在嗎？

　　「我們的宇宙之外還存在許多不可觀察的宇宙」，這樣的假設總會讓人覺得有些武斷。於是，就有人試著思

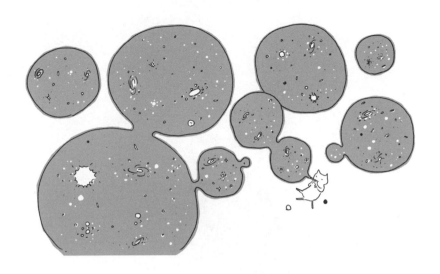

多重宇宙論中的多個宇宙真的存在嗎？

考，微調問題還有沒有別的解決之道。

這個世界是幻想嗎？

第18章中，我們提到了空間與時間的維度，不過空間與時間的本質在物理學上仍是個難以處理的問題。與物質不同，我們無法直接接觸到空間與時間。

雖然我們直覺上可以感覺到空間與時間的存在，但對我們來說，空間與時間也只是用來標示事件發生時間地點的數字。要我們拿出時間或空間的實體，就像是要我們抓住雲一樣。

特別是時間。時間有著「必定從過去流向未來」的奇

如果世界其實是虛擬的話，或許現實世界就會像科幻電影那樣，演變成人類與電腦的戰爭。

特性質。但時間流逝的性質，在物理學的理論中找不到任何對應。

　　即使是物理學中專門處理時間空間的一般相對論，也只把時間當成標示事件發生座標的工具。科學家們至今仍

無法解釋為什麼時間會流動，不管是哪個物理學理論都沒辦法解釋。物理學方程式中出現的時間，並不是流動中的時間，只是一個靜止不動的標籤而已。

不過在人類的腦中，卻可以明確區別現在、過去與未來。客觀來看，我們可以說時間從過去流向未來；主觀來看，我們也可以說時間從未來流向過去。在物理學的理論中，並不要求時間必須擁有「從過去流向未來」的性質。

那麼，難道時間只是人類腦中創造出來的幻想嗎？假如時間是幻想的話，空間應該也是幻想吧。因為由相對論可以知道，時間與空間是類似的概念。

如果時間與空間都是人類腦中的幻想，那這麼世界本身就是人類的幻想。如果這個世界只是個幻想中的世界，那這個幻想世界的核心應該也隱藏著它的本質不是嗎？

若是如此，我們看待宇宙微調問題的方式也須改變。因為我們眼睛看到的世界只是人類腦中的幻想，世界中的各種物理定律、物理常數，自然也會依照人類的需求而調整到特定數值。畢竟包含物理定律在內的世界，都是在人腦內形成的。

說不定，這個世界的本質在我們認知的世界之上。至少相對論、量子論顯示，這個世界並不等於觀測者直觀下的世界。相對論指出，運動狀態下的觀測者，時間與空間會跟著變化；量子論則指出，觀測者的存在會決定世界的狀態。

也就是說，人類這個觀測者無法從自然界中獨立出來。或許做為觀測者的人類「積極參與這個世界的各種事

件」，才是物理定律成立的原因。換言之，宇宙的本質並非人類表面上看到的樣子，而為了讓人類理解這個表面上看到的樣子，才有所謂的物理定律。或許我們熟知的物理定律，就是這種間接過程下的產物。

如果這個說法正確，那麼微調問題，即「為什麼宇宙的物理常數對人類來說剛剛好？」就只是個表面上的問題。

進一步來說，為什麼含有這些物理常數的物理定律會成立，也是個表面上的問題。我們之所以會覺得微調問題難以解決，只是因為我們人類無法看透隱藏在表面世界下的宇宙本質。

人類住在虛擬宇宙中嗎？

假設人類居住的世界只是宇宙表面上的樣子，那麼這個世界的實體又長什麼樣子呢？人類所瞭解的世界，是腦中資訊處理的結果。假設時間與空間的樣貌，是龐大的資訊處理過程後得到的結果，那麼世界的本質就是資訊。第1章中曾提到的約翰‧惠勒也有同樣的想法[※2]。

這些資訊從何而來呢？有個恐怖的可能性，那就是我們所知的宇宙，是由更高一階的智慧生命體虛擬出來的世界。

我們用電腦模擬現實世界時，電腦會模擬出一個三維空間。不過，這個三維空間並非實際存在，它的實體其實是電腦的晶片處理大量資訊的結果，三維空間則是這個結

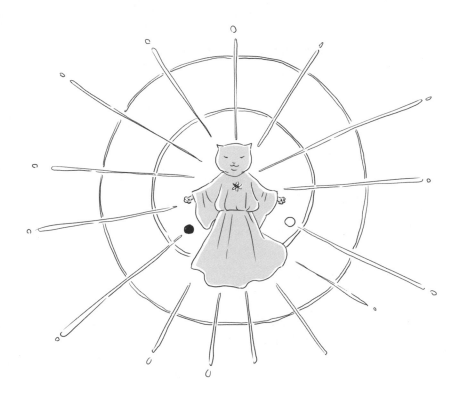

說不定真的是神創造出了這個宇宙。所以宇宙中的物理常數才會被完美
調整成現在的樣子。

果的一種表現方式。

　　如果這個世界真的是模擬出來的宇宙，那麼模擬出
這個宇宙的超智慧生命體理應能夠自由調整宇宙中的物理
參數。如果他們正是以嘗試錯誤的方式，在模擬出來的宇
宙中調整各種物理常數，以創造出人類這種智慧生命體的

話，那麼多重宇宙的假設就會失去意義[3]。

這些超智慧生命體在製造虛擬宇宙時，應該會設法提高虛擬宇宙的運作效率吧。基本上，宇宙物理定律的形式相當單純，但若以人類的誕生為目標，仍需設法提高模擬過程的效率。

若希望虛擬宇宙能有效率地運作，那麼理所當然地會省略「人類觀察不到的世界」的計算工作。只要模擬人類可觀測範圍內的宇宙就行了，考慮其他部分的宇宙只會降低效率。

雖然筆者並非真的相信這個宇宙是模擬出來的宇宙，但無法否定這個可能性也是事實。講到超智慧生命體時，不免會讓人聯想到神的存在，不過這也暗示了表面上看到的世界可能是由某種東西衍生出來的虛擬世界。

※1 Tegmark, Max (May 2003). "Parallel Universes". Scientific American. Vol. 288. pp. 40-51.
※2 J. A. Wheeler,'Information physics, quantum; The search for links', in Complexity, Entropy, and the Physics of Information, SFI Studies in the Sciences of Complexity, vol. VIII, W. H. Zurek (ed.), Addison-Wesley (1990).
※3 P. Davies,'Universe galore: where will it all end?', B. Carred. Cambridge University Press (2007)

後記

　　筆者從小就一直很好奇這個世界為什麼會存在，是個有些奇怪的小孩。這股好奇心隨著年紀增長而逐漸增強，後來甚至以物理學為畢生志向。我的動機很單純，「想知道這個世界如何組成？」這個疑問就是我的動機。想必每個人小時候都曾有過這樣的疑問吧。然而，不知從何時開始，我們就理所當然地接受世界的存在，然後把這件事拋到一邊，走向各自的人生。雖說如此，這些基本的疑問應該偶爾還是會出現在腦海中吧。

　　「世界為什麼存在呢？」即使學完現今所有的物理學，恐怕也找不到答案。物理學是研究世界「如何」存在的學問，而在這個層面上也確實發展得很順利。但是，要回答世界「為什麼」存在這個疑問，卻是一件相當困難的事。根本說來，光是「存在」的意義就是個哲學難題，已經脫離了科學領域。

　　因此，這個我從小就有的疑問一直沒辦法解決。不過現在的我卻覺得這樣也好。碰上這種沒有答案的問題時，擁有一定的物理學知識，反而讓我更能享受思考的樂趣。或許我終生都會沉浸其中吧。

　　我們無法透過理論決定物理常數的數值，而本書的核心，就是這些物理常數的神奇之處。用現代物理學的知識

206

觀察世界時，即使回答不出世界為何存在，至少也能找到思考的頭緒，這是貫穿全書的概念。認真學習物理學實在有些大費周章，不過像這樣以某些事實為線索思考問題的意義，也是件有趣的事不是嗎？如果你也能體會到這種樂趣的話，那就太棒了。

　　如同我在前言中提到的，本書內容為《月刊天文介紹》的連載內容。在企劃階段，便已預計要將連載內容整理成單行本。這是我第一次在雜誌上連載，所以每個月都在提醒自己不要遲交稿件、盡早完稿，最後總算是順利完成了連載，並出版了單行本。這段期間，誠文堂新光社編輯部的庄司燈先生除了負責編輯作業之外，插圖構想方面也提供了不少建議，在各方面都受到他的照顧。另外，Crayon-company老師每個月繪製的插圖都相當療癒。請讓我在此感謝曾幫助過我的所有人們。

松原隆彥

作者簡介

松原隆彥

高能加速器研究機構、基本粒子原子核研究所教授。
理學博士。京都大學理學部畢業。廣島大學博士。曾
於東京大學、約翰霍普金斯大學、名古屋大學任職。
主要研究領域為宇宙論。曾獲2012年日本天文學會
第17回林忠四郎獎。著作包括《現代宇宙論》（東
京大學出版會）、《宇宙外側有東西嗎？》（光文社新
書）、《宇宙的誕生與終焉》（SB Creative）（以上書
名皆為暫譯）等。

插畫

くれよんカンパニー

NAZEKA UCHU WA CHOUDOII KONO SEKAI WO TSUKUTTA KISEKI NO
PARAMETER22
© TAKAHIKO MATSUBARA 2020
Originally published in Japan in 2020 by Seibundo Shinkosha Publishing Co., Ltd.,TOKYO.
Traditional Chinese translation rights arranged with Seibundo Shinkosha Publishing Co., Ltd.
TOKYO, through TOHAN CORPORATION, TOKYO.

為什麼宇宙的一切都剛剛好？
超解析22個支撐宇宙運行的物理常數

2022年1月1日初版第一刷發行

作　　者	松原隆彥	
譯　　者	陳朕疆	
編　　輯	陳映潔	
發 行 人	南部裕	

<地址>台北市南京東路4段130號2F-1
<電話>(02)2577-8878
<傳真>(02)2577-8896
<網址>http://www.tohan.com.tw

郵撥帳號　　1405049-4
法律顧問　　蕭雄淋律師
總 經 銷　　聯合發行股份有限公司
　　　　　　<電話>(02)2917-8022

禁止翻印轉載。本書刊載之內容
（內文、照片、設計、圖表等）
僅限個人使用，未經作者許可，
不得擅自轉作他用或用於商業用途。

購買本書者，如遇缺頁或裝訂錯誤，
請寄回調換（海外地區除外）。
Printed in Taiwan.

TOHAN

國家圖書館出版品預行編目(CIP)資料

為什麼宇宙的一切都剛剛好？：超解析22個
支撐宇宙運行的物理常數/松原隆彥著；陳朕
疆譯. -- 初版. -- 臺北市：臺灣東販, 2022.01
208面；14.3×21公分
ISBN 978-626-329-072-3（平裝）

1. 天體物理學　2.宇宙

323.1　　　　　　　　　110020311